国家职业教育焊接技术与自动化专业
教学资源库配套教材

“十三五”江苏省高等学校重点教材

金属材料焊接工艺

主　编　陈保国
副主编　史维琴
参　编　张　鑫　惠媛媛
主　审　许小平

机械工业出版社
CHINA MACHINE PRESS

本书为国家职业教育焊接技术与自动化专业教学资源库配套教材。本书是基于压力容器实际生产中的焊接生产工作的内容编写的。按照企业对焊接技术技能人才的要求，根据典型结构件的焊接特点，有针对性地选择了本书内容。

本书采用项目任务式编写体例，以源于生产实际的工作项目为引领，将金属材料焊接性分析、焊接工艺要点、焊接质量分析等理论内容与实际案例有机结合，使读者通过实际项目训练掌握金属材料焊接工艺的相关知识。

本书既可作为高等职业教育及各类成人教育焊接专业的教材或企业培训用书，又可作为高等院校机械制造与自动化及相关专业的实践选修课教材，同时可供从事焊接工艺编制的工艺人员参考。

本书采用双色印刷，并将相关的微课或视频等以二维码的形式植入书中，以方便读者学习使用。为便于教学，本书配套有电子教案、助教课件、教学动画及教学视频等教学资源，读者可登录焊接资源库网站 http://hjzyk.36vc.com:8103/访问。

图书在版编目（CIP）数据

金属材料焊接工艺/陈保国主编.—北京：机械工业出版社，2018.1（2022.8 重印）

国家职业教育焊接技术与自动化专业 教学资源库配套教材

ISBN 978-7-111-58658-6

Ⅰ.①金… Ⅱ.①陈… Ⅲ.①金属材料－焊接工艺－高等职业教育－教材 Ⅳ.①TG457.1

中国版本图书馆 CIP 数据核字（2017）第 303906 号

机械工业出版社（北京市百万庄大街 22 号 邮政编码 100037）
策划编辑：王海峰 于奇慧 责任编辑：王海峰 杨 璇
责任校对：陈 越 封面设计：鞠 杨
责任印制：常天培
固安县铭成印刷有限公司印刷
2022 年 8 月第 1 版第 2 次印刷
184mm×260mm · 10 印张 · 231 千字
标准书号：ISBN 978-7-111-58658-6
定价：33.00 元

电话服务 网络服务
客服电话：010－88361066 机 工 官 网：www.cmpbook.com
010－88379833 机 工 官 博：weibo.com/cmp1952
010－68326294 金 书 网：www.golden-book.com
封底无防伪标均为盗版 机工教育服务网：www.cmpedu.com

国家职业教育焊接技术与自动化专业教学资源库配套教材编审委员会

总序

跨入21世纪，我国的职业教育经历了职教发展史上的黄金时期。经过了“百所示范院校”和“百所骨干院校”，涌现出一批优秀教师和优秀的教学成果。而与此同时，以互联网技术为代表的各类信息技术飞速发展，它带动其他技术的发展，改变了世界的形态，甚至人们的生活习惯。网络学习成了一种新的学习形态。职业教育专业教学资源库的出现，是适应技术与发展需要的结果。通过职业教育专业教学资源库建设，借助信息技术手段，实现全国甚至是世界范围内的教学资源共享。更重要的是，以教学资源库建设为抓手，适应时代发展，促进教育教学改革，提高教学效果，实现教师队伍教育教学能力的提升。

2015年，职业教育国家级焊接技术与自动化专业教学资源库建设项目通过教育部审批立项。全国的焊接技术与自动化专业从此有了一个统一的教学资源平台。焊接技术与自动化专业教学资源库由哈尔滨职业技术学院、常州工程职业技术学院和四川工程职业技术学院三所院校牵头建设，在此基础上，项目组联合了48所大专院校，其中有国家示范（骨干）高职院校23所，绝大多数院校均有主持或参与前期专业教学资源库建设和国家精品资源课及精品共享课建设的经验。参与建设的企业在我国相关领域均具有重要影响力。这些院校和企业遍布于我国东北地区、西北地区、华北地区、西南地区、华南地区、华东地区、华中地区和台湾地区的26个省、自治区、直辖市。对全国省、自治区、直辖市的覆盖程度达到81.2%。三所牵头院校与联盟院校包头职业技术学院，承德石油高等专科学校，渤海船舶职业技术学院作为核心建设单位，共同承担了12门焊接技术与自动化专业核心课程的开发与建设工作。

焊接技术与自动化专业教学资源库建设了“焊条电弧焊”“金属材料焊接工艺”“熔化极气体保护焊”“焊接无损检测”“焊接结构生产”“特种焊接技术”“焊接自动化技术”“焊接生产管理”“先进焊接与连接”“非熔化极气体保护焊”“焊接工艺评定”“切割技术”共12门专业核心课程。课程资源包括课程标准、教学设计、教材、教学课件、教学录像、习题与试题库、任务工单、课程评价方案、技术资料和参考资料、图片、文档、音频、视频、动画、虚拟仿真、企业案例及其他资源等。其中，新型立体化教材是其中重要的建设成果。与传统教材相比，本套教材采用了全新的课程体系，加入了焊接技术最新的发展成果。

焊接行业、企业及学校三方联动，针对“书是书、网是网”，课本与教学资源库毫无关联的情况，开发互联网+教学资源库的特色教材，为教材设计相应的动态及虚拟互动资源，弥补纸质教材图文呈现方式的不足。进行互动测验的个性化学习，不仅使学生提高了学习兴趣，而且拓展了学习途径。在专业课程体系及核心课程建设小组指导下，由行业专家、企业技术人员和专业教师共同组建核心课程资源开发团队，融入国际标准、国家标准和焊接行业标准，共同开发课程标准，与机械工业出版社共同统筹规划了特色教材和相关课程资源。本套新型的焊接技术与自动化专业课程教材，充分利用了互联网平台技术。教师使用本套教材，结合焊接技术与自动化网络平台，可以掌握学生的学习进程、效果与反馈，及时调整教学进程，显著提升教学效果。

教学资源库正在改变当前职业教育的教学形式，并且还将继续改变职业教育的未来。随着信息技术、教学技术与手段的不断完善，教学资源库将会以全新的形态呈现在广大学习者面前，本套教学资源库配套教材也会随着教学资源库的建设发展而不断完善。

教学资源库配套教材编审委员会

2017年10月

前言

本书为国家职业教育焊接技术与自动化专业教学资源库配套教材。“金属材料焊接工艺”是焊接技术与自动化专业在基于“工作过程系统化”课程体系建设过程中，通过分析本专业典型工作岗位技术员和检验员的能力、知识和素质要求而确定的一门专业核心课程。

在课程体系框架基本确定的前提下，由多所学院焊接技术与自动化专业骨干教师、企业专家组成的课程开发小组进行了课程教学内容开发，一致认为课程教学内容的确定应该坚持三个原则：与企业工作过程的要求相一致；结合企业典型焊接结构件生产加工工艺要求；考虑焊接技术与自动化专业毕业生就业的主要工作岗位和可持续发展。基于这几个原则，课程开发小组成员确定典型产品的金属材料焊接性分析、焊接工艺编制及焊接作为教学主要内容。

本书以空气储罐、反应釜、有色金属结构、热交换器为载体，结合企业工作过程，按照识读生产图样，熟悉焊接结构→金属材料焊接性分析→焊接工艺要点→编制焊接工艺→按照工艺焊接试件→分析焊接质量并完善焊接工艺的思路来编排教学内容；按照生产中分析问题的方式来组织教学，在“做中学、学中做”的过程中既掌握理论知识（强调理论知识指导实践），又通过实践来加深对理论的理解。

本书是国家精品资源共享课“典型结构件焊接工艺编制与焊接”（网址http://www.icourses.cn/coursestatic/course_2647.html）和国家职业教育焊接技术与自动化专业教学资源库核心课程“金属材料焊接工艺”（网址http://hjzyk.36ve.com:8103/?q=node/63512）的配套教材。

在编写过程中，编者参阅了国内外出版的有关教材和资料，得到了南京化学工业有限公司化工机械厂、常州锅炉有限公司和江苏省特种设备安全监督检验研究院常州分院等企业的大力协助及有关专家和同行的有益指导，在此表示衷心的感谢！

由于编者水平有限，书中难免存在疏漏和不当之处，恳请读者批评指正。

编　者

目录

项目一 空气储罐焊接工艺编制及焊接

项目导入

空气储罐结构简单，由筒体、封头、法兰、密封元件、开孔与接管、支座等基本部件构成，在日常生活中较为常见，故选择压力容器中的典型产品——空气储罐作为入门项目。按照学生的学习认知规律，设计了空气储罐图样识读、空气储罐筒体焊接工艺编制及焊接、接管与空气储罐筒体焊接工艺编制及焊接三个教学任务。通过本项目的实施，使学生能够初步分析产品的焊接结构、每个焊接接头所用金属材料的焊接性；能够编制空气储罐典型接头的焊接工艺；能够按照工艺焊接试件、分析焊接质量、完善焊接工艺，从而掌握金属材料的焊接性；树立守法意识和质量意识；养成良好的职业道德和职业素养；锻炼自主学习、与人合作、与人交流的能力。

学习目标

1. 能够识读空气储罐整体结构图。
2. 能够列出空气储罐主要部件的名称、数量、所用金属材料牌号和规格。
3. 能够确定焊接接头形式和焊缝形式。
4. 掌握低碳钢常见焊接缺陷的产生原因和防止措施。
5. 掌握低碳钢的焊接工艺要点。
6. 能够编制空气储罐筒体焊接工艺。
7. 能够分析异种碳素钢焊接性。
8. 能够编制接管与空气储罐筒体焊接工艺。

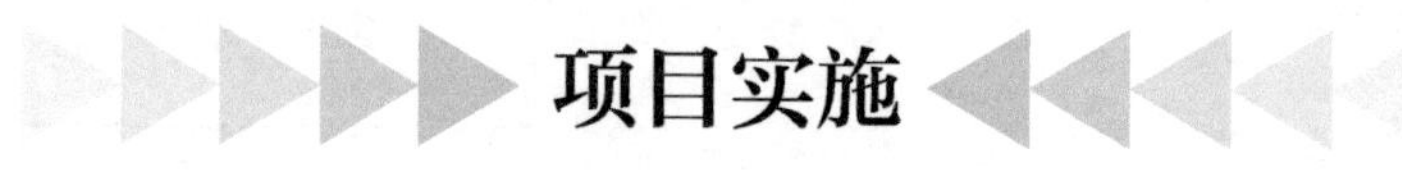

项目实施

任务一　空气储罐图样识读

任务解析

通过识读空气储罐图样，列出空气储罐生产制造应遵循的国家法规和标准及其技术要求；明确空气储罐主要部件所用金属材料的牌号、规格和各部件的焊接接头形式、焊缝形式；了解空气储罐生产的流程。

必备知识

一、认识典型结构件——压力容器

（一）压力容器的定义

压力容器是容器的一种，从广义上讲，凡承受一定流体介质压力的密闭设备均可称为压力容器。

对于应该实行安全监察的压力容器，在《中华人民共和国特种设备安全法》《特种设备安全监察条例》和国家质量监督检验检疫总局颁发的TSG 21—2016《固定式压力容器安全技术监察规程》中做了具体规定，即

1）工作压力（p_w）大于或等于0.1MPa（不含液体静压力，下同）。

对于承受内压的压力容器，其工作压力是指在正常使用过程中，压力容器顶部可能出现的最高压力（表压力）。

2）内直径（非圆形截面指截面内边界最大几何尺寸）大于或等于0.15m，且容积（V）大于或等于0.03m^3。

容积是指压力容器的几何容积，即由设计图样标注的尺寸计算（不考虑制造公差）并圆整，一般应当扣除永久连接在压力容器内部的内件的体积。

3）盛装介质为气体、液化气体或最高工作温度高于或等于其标准沸点的液体。

容器内介质为最高工作温度低于其标准沸点的液体时，如果气相空间（非瞬时）的容积大于或等于0.03m^3时，也属于本规程的适用范围。

（二）压力容器的分类

1. 按压力等级分

按承压方式分类，压力容器可分为内压容器与外压容器。内压容器又可按压力容器的设计压力（p）大小分为四个压力等级，具体划分如下。

1）低压（代号L）容器，$0.1MPa \leqslant p < 1.6MPa$。

2）中压（代号M）容器，$1.6MPa \leqslant p < 10MPa$。

3）高压（代号H）容器，10MPa≤p<100MPa。

4）超高压（代号U）容器，p≥100MPa。

外压容器中，当容器的内压小于一个绝对大气压（约0.1 MPa）时又称为真空容器。

2. 按在生产过程中的作用原理分

根据在生产过程中的作用原理，压力容器可分为反应压力容器、换热压力容器、分离压力容器、储存压力容器。

1）反应压力容器（代号R）。它主要是用于完成介质的物理、化学反应的压力容器，如反应器、反应釜、分解锅、硫化罐、聚合釜、合成塔、蒸压釜、煤气发生炉等。

2）换热压力容器（代号E）。它主要是用于完成介质热量交换的压力容器，如管壳式余热锅炉、热交换器、冷却器、冷凝器、蒸发器、加热器等。

3）分离压力容器（代号S）。它主要是用于完成介质流体压力平衡缓冲和气体净化分离的容器，如分离器、过滤器、集油器、缓冲器、吸收塔、干燥塔等。

4）储存压力容器（代号C，其中球罐代号B）。它主要是用于储存、盛装气体、液体、液化气体等介质的压力容器，如液氨储罐、液化石油气储罐等。

在一种压力容器中，如同时具备两个以上的工艺作用原理时，应按工艺过程中的主要作用来划分品种。

3. 按支承形式分

采用立式支座支承的压力容器称为立式容器；采用卧式支座支承的压力容器称为卧式容器。

4. 按设计温度分

压力容器可分为低温、常温和高温三类。当设计温度低于或等于−20℃时称为低温容器；设计温度高于或等于450℃时称为高温容器；设计温度在−20~450℃之间称为常温容器。

5. 按国家安全技术规范分

按TSG 21—2016《固定式压力容器安全技术监察规程》第1.7条压力容器分类规定，根据危险程度，适用范围内的压力容器划分为Ⅰ、Ⅱ、Ⅲ类。这种分类方法综合考虑了介质、容积和设计压力等影响因素，较科学合理。

（三）压力容器的应用和特点

压力容器的用途极为广泛，在工农业、军工及民用等许多部门，在科学研究的许多领域都起着重要作用，尤其在石油化学工业应用更为普遍。

压力容器工作时一般都承受较高压力；有时还同时处于高温或低温下工作；有的压力容器还盛有易燃、易爆、有毒或腐蚀性的介质，这些介质对压力容器的安全运行和使用寿命影响很大。一旦压力容器在运行过程中损坏或泄漏，除了造成爆炸事故外，还可能发生由于内部介质向外扩散，引起化学爆炸、着火燃烧、有毒气体污染环境等事故。如果发生事故，将在瞬间猛烈地释放出巨大的能量，其摧毁力是惊人的，后果不堪设想。因此，在设计、选材、制造、检验及使用管理上必须按国家有关的法律、法规和相应的标准要求执行。特别是压力容器的焊接，一般在产品生产的中后期进行，是保证产品质量的关键工序。

二、识读空气储罐图样

压力容器图样一般优先采用A0、A1、A2、A3、A4图纸，这与ISO标准规定的幅面代号和尺寸完全一致。图样除了图示内容以外，还包括技术要求、标题栏和明细栏等内容。

1）图样中央是产品结构图，包括正视图和俯视图及主要受压元件的焊接节点图。

2）图样的右上角为该产品的详细技术要求，一般包括工作压力、设计压力，工作温度、设计温度，水压试验压力，物料名称，腐蚀裕度，主要受压元件材质，焊接接头系数，全容积，容器类别，设计、制造、检验及验收的规范和标准，焊接要求，管口表及其他要求等内容。

3）图样的右下角为标题栏，一般包括生产企业名称，产品名称，产品图号，设计、校核、审核和批准的人员，设计阶段，年、月及共×张、第×张等内容。

4）标题栏的上方为明细栏，一般包括序号、图号或标准号、名称、数量、材料、重量和备注等内容。

三、熟悉空气储罐各部件

空气储罐如附图1所示，其基本构成如下。

（一）筒体

容器的筒体为圆筒形，因此称为圆筒形容器。筒体是压力容器最主要的组成部分，提供储存物料或完成化学反应所需要的压力空间。中、低压容器由于壁厚较薄，筒体大部分均采用单层卷焊制造。

（二）封头

根据几何形状的不同，封头可分为球形封头、椭圆形封头、锥形封头和平底式封头等，如图1-1所示。当容器组装后不再需要开启时，上、下封头应直接和筒体焊在一起，这样能有效地保证密封，节省材料和减少加工制造工作量。对于因检修和更换内件需要开启的容器，封头和筒体的连接应做成可拆式的，此时封头与筒体之间应有一个密封结构。在压力较高的容器中，当封头与筒体焊接时，只能采用球形、椭圆形或锥形封头，而不能采用平底式封头。

图1-1　常见封头形式

a）球形封头　b）椭圆形封头　c）锥形封头　d）平底式封头

（三）法兰

法兰是容器与管道连接中的重要部件，其作用是通过螺栓和垫片的连接与密封，保证系统不致发生泄漏。法兰按其连接的部件分为管道法兰和容器法兰。用于管道连接的法兰称为管道法兰，用于容器顶盖与筒体或管板与容器连接的法兰称为容器法兰。法兰通过螺栓连接，是容器用得最多的一种连接结构，如封头与筒体，各种接管以及人孔、手孔。

（四）密封元件

密封元件放在两个法兰的接触面之间，或封头与筒体顶部的接触面之间，借助于螺栓等连接件压紧，从而使容器内的液体或气体被封住而不致泄漏。密封元件按所用材料不同，分为金属密封元件（如纯铜垫、铝垫、钢垫等）、非金属密封元件（如石棉垫、橡胶O形环等）和组合式密封元件（如铁包石棉垫、钢丝缠绕石棉垫）。密封元件按其截面形状的不同，可分为平垫片、三角形垫片、八角形垫片、透镜式垫片等。密封结构是压力容器的重要组成部分。压力容器能否正常工作在很大程度上取决于密封结构的完善性，因为介质是有毒、易燃气体时，不允许有泄漏。

（五）开孔与接管

因工艺要求与检修需要，在筒体和封头上开设各种孔和安装接管，如人孔、手孔、物料孔或安装各种仪表、阀门等接管开孔。开孔是容器中的一个薄弱环节，对容器的疲劳寿命影响较大，因而，容器上要尽量减少开孔数量，避免开大孔。对于高压容器，要尽量避免在筒体上开孔，而要将开孔位置移到安全程度较大的封头或筒体顶部。由于薄壁圆筒承受内压时，其环向应力是轴向应力的两倍，因此要在筒体上开孔时，应开成椭圆形孔，使短轴平行于圆筒轴线，尽可能减少纵截面的削弱程度。

（六）支座

容器靠支座支承在基础上，随着圆筒形容器的安装位置不同，有立式容器支座和卧式容器支座两种。常用的立式容器支座主要有耳式支座、支承式支座、裙式支座、腿式支座等；常用的卧式容器支座主要有鞍座、圈座、支腿等，如图1-2所示。

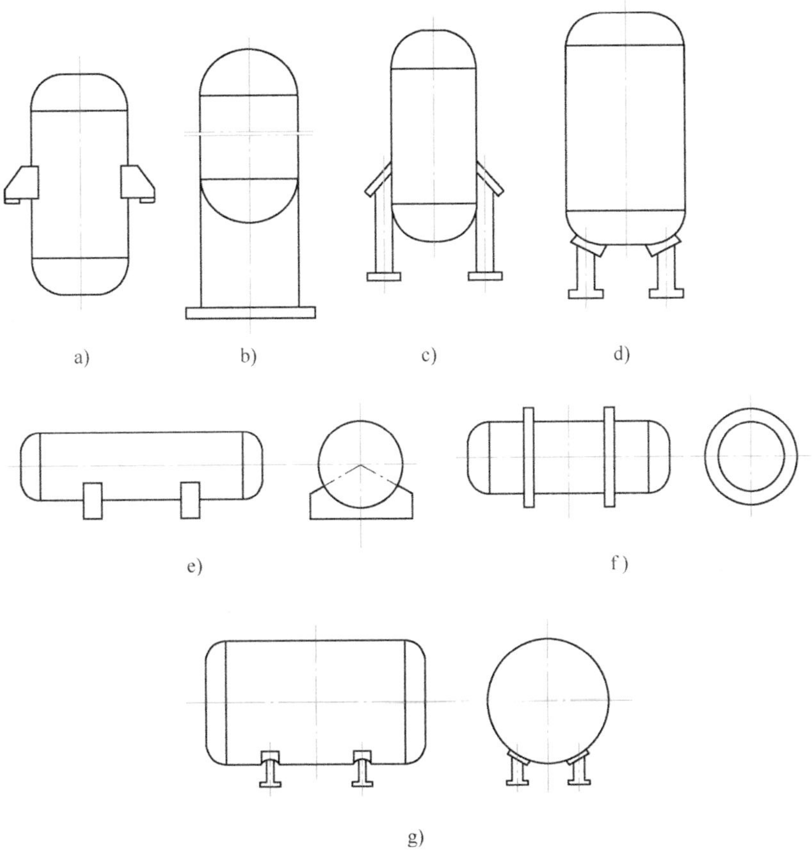

图1-2　常用的支座类型

a）耳式支座　b）裙式支座　c）腿式支座　d）支承式支座　e）鞍座　f）圈座　g）支腿

四、焊接接头形式和坡口形式

在压力容器图样上有主要受压元件的焊接节点图，包括焊接接头形式和坡口形式等。

（一）焊接接头形式及焊缝形式

1. 焊接接头形式

用焊接方法连接的接头称为焊接接头（简称为接头）。焊接接头包括焊缝（*OA*）、熔合区（*AB*）和热影响区（*BC*）三部分，如图1–3所示。

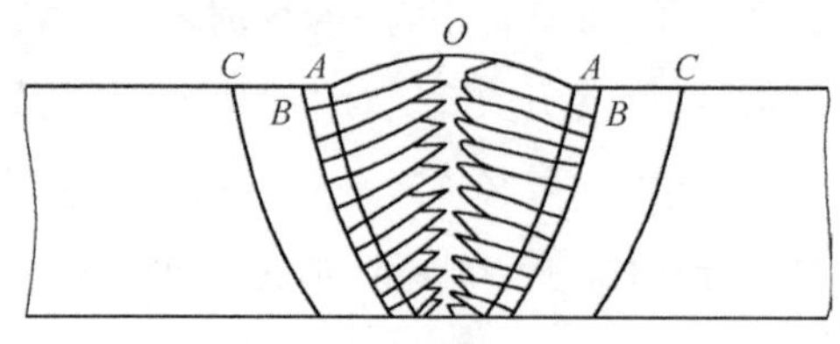

图1–3　焊接接头

在焊条电弧焊中，由于焊件的厚度、结构形状及使用条件不同，其接头形式和坡口形式也不同。焊接接头的基本形式为对接接头、T形接头、角接接头、搭接接头四种；有时焊接结构还有一些其他类型的接头形式，如十字接头、端接接头、卷边接头、套管接头、斜对接接头、锁底对接接头、槽焊接头和塞焊搭接接头等共12种，如图1–4所示。

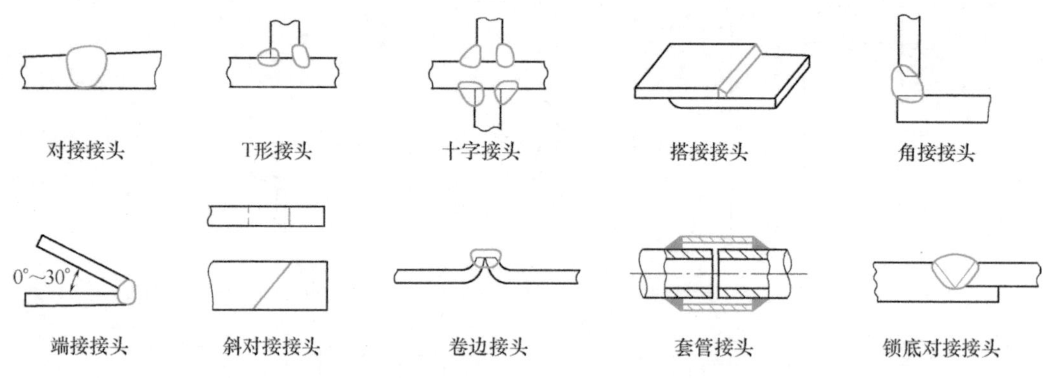

图1–4　焊接接头形式

2. 焊缝形式

焊缝是焊件焊接后所形成的结合部分。焊缝按不同分类方法可分为下列几种形式。

（1）按焊缝在空间的位置分　焊缝可分为平焊缝、立焊缝、横焊缝和仰焊缝四种形式。

（2）按焊缝结合形式分　焊缝可分为对接焊缝、角焊缝、塞焊缝、槽焊缝和端接焊缝，共五种形式。

（3）按焊缝断续情况分　可分为定位焊缝、连续焊缝和断续焊缝。

1）定位焊缝。焊前为装配和固定焊件的位置而焊接的短焊缝，称为定位焊缝。

2）连续焊缝。沿接头全长连续焊接的焊缝。

3）断续焊缝。沿接头全长具有一定间隙的焊缝，称为断续焊缝。它又可分为并列断续焊缝和交错断续焊缝。断续焊缝只适用于对强度要求不高以及不需要密封的焊接结构。

（二）坡口形式

为保证在焊件厚度方向上焊透，焊件的待焊部位经常需要开坡口。开坡口的常用方法有机械加工、火焰加工或电弧加工等几种。在将坡口加工成一定的几何形状之后，还需要在坡口的端部留有一定的钝边，其目的是为了防止烧穿，但钝边的尺寸要保证第一层焊缝焊透。接头时根部还需留有一定的间隙，其目的是为了保证根部能够焊透。

常见的坡口形式主要有以下几种。

1. I形坡口

当钢板的厚度较薄时，焊接时一般不开坡口，称为I形坡口。

2. V形坡口

V形坡口的特点是加工容易，但焊后焊件易产生角变形。V形坡口主要有带钝边V形坡口、V形坡口（不留钝边）、单边V形坡口和带钝边单边V形坡口等几种，如图1–5所示。

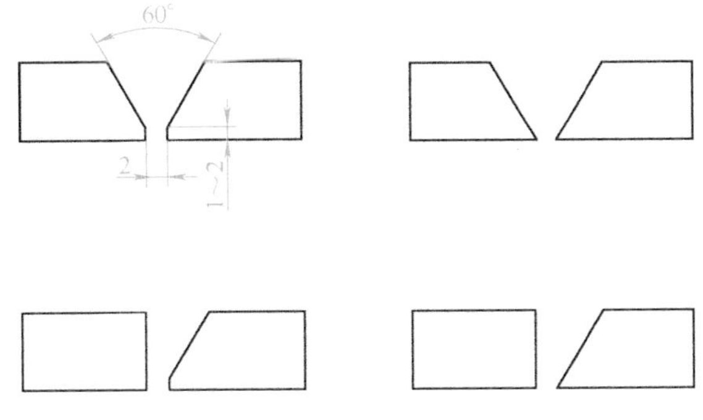

图1–5　V形坡口

V形坡口不仅在对接接头中采用，在T形接头和角接接头中也常采用，如图1–6所示。

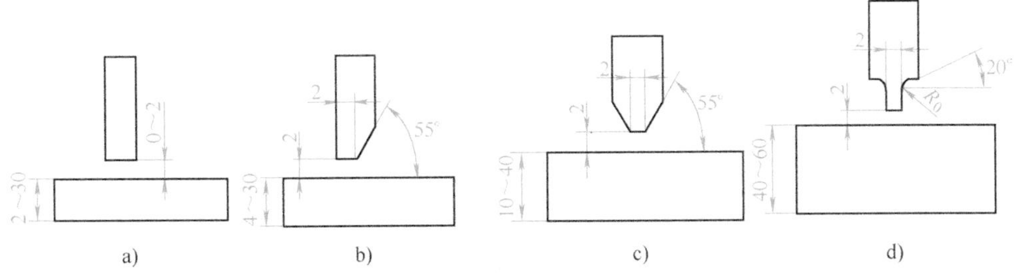

图1–6　T形接头的坡口形式

一般来说，当板厚为7~40mm时，可选用V形坡口。

3. X形坡口

X形坡口也称为双面V形或双面Y形坡口。

与V形坡口相比，X形坡口具有在相同厚度下，能减少焊缝金属量约1/2，焊后的变形量和产生的应力也小些。它主要用于大厚度及要求变形较小的结构中，如图1-7所示。

一般来说，当板厚为12~60mm时，可采用X形坡口。

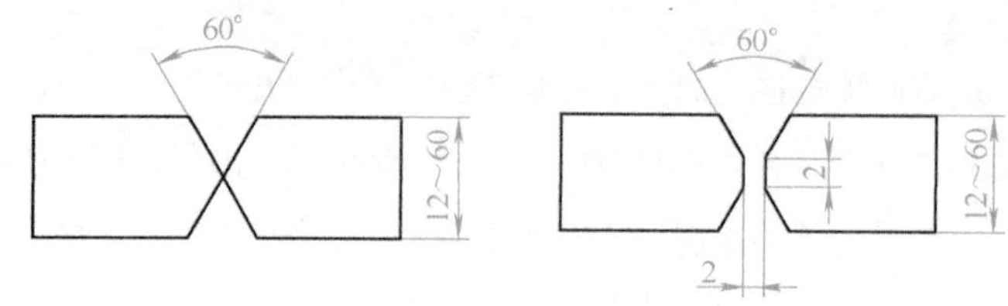

图1-7　X形坡口

4. U形坡口

U形坡口有带钝边U形坡口、双U形带钝边坡口、带钝边J形坡口等，如图1-8所示。

U形坡口的特点是焊缝金属量少，焊件产生变形小，焊缝金属中母材所占比例也少；但这种坡口加工较困难，一般用于较重要的焊接结构。

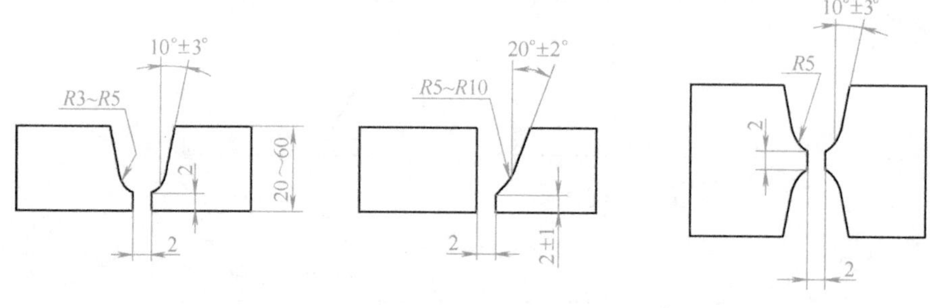

图1-8　U形坡口

（三）焊接接头特殊处理工艺

1. 厚板削薄工艺

不同板厚的钢板对接焊时：当薄板厚度$\delta_1 \leqslant 10$mm，两板厚度差（$\delta-\delta_1$）>3mm时，或当薄板厚度$\delta_1 > 10$mm，两板厚度差（$\delta-\delta_1$）>5mm时，则应在较厚的板上做单面或双面削薄处理，其削薄部分长度$L \geqslant 3$（$\delta-\delta_1$），如图1-9所示。

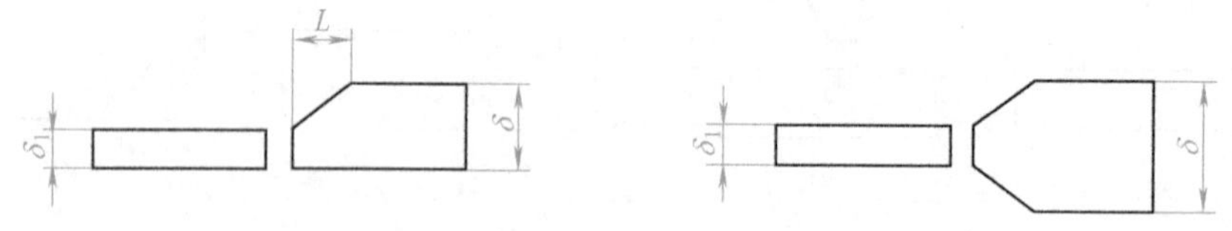

图1-9　不同板厚的钢板对接

2. 搭接接头的塞焊缝及槽焊缝

搭接接头中当重叠钢板的面积较大时，为保证结构强度，可根据需要选用圆孔塞焊缝和长孔槽焊缝的形式，如图1-10所示。这种形式适合于被焊结构狭小处及密闭的焊接结构。

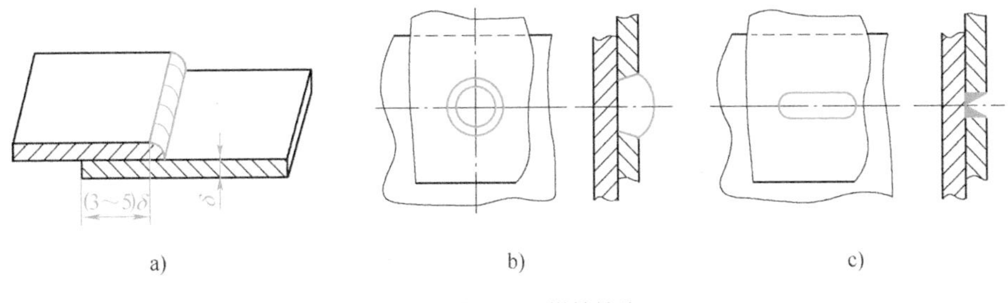

图1-10 搭接接头

a）不开坡口 b）圆孔塞焊缝 c）长孔槽焊缝

（四）坡口选择的原则

选择坡口形式主要应考虑下列几条原则。

1）是否能保证焊件焊透。

2）坡口的形状是否容易加工。

3）尽可能地提高生产率，节省填充金属。

4）焊件焊后变形要尽可能小。

实际焊接时，坡口的选择除了考虑上述原则外，还必须考虑焊接方法、焊接防护、焊工操作方便和异种钢的焊缝金属稀释等具体情况。总之选择时要根据实际情况综合考虑。通常按国家标准GB/T 985.1—2008《气焊、焊条电弧焊、气体保护焊和高能束焊的推荐坡口》、GB/T 985.2—2008《埋弧焊的推荐坡口》和行业标准HG/T 20583—2011《钢制化工容器结构设计规定》及图样的技术要求选择。

五、完成技术报告

1）查阅空气储罐生产所涉及的相关国家法规、标准及产品技术要求等。

2）列出空气储罐主要部件的名称、数量、材料和规格，格式见表1-1。

表 1-1 空气储罐主要部件清单

主要部件的名称	数量	材料	规格

3）列出空气储罐各部件的焊接接头形式和焊缝形式，格式见表1-2。

表 1-2 空气储罐焊接接头特征

部件组对名称	焊接接头形式	焊缝形式

4）了解生产流程。

5）最后把查阅的资料形成技术报告。

复习思考题

选择题

1. 锅炉压力容器是生产和生活中广泛使用的（　）的承压设备。

A. 固定式　　B. 提供电力　　C. 换热和储运　　D. 有爆炸危险

2. 工作载荷、温度和介质是锅炉压力容器的（　）。

A. 安装质量　　B. 制造质量　　C. 工作条件　　D. 结构特点

3. 凡承受流体介质压力的（　）设备称为压力容器。

A. 耐热　　B. 耐磨　　C. 耐蚀　　D. 密封

4. 锅炉铭牌上标出的压力是锅炉（　）。

A. 设计工作压力　　B. 最高工作压力　　C. 平均工作压力　　D. 最低工作压力

5. 锅炉铭牌上标出的温度是锅炉输出介质的（　）。

A. 设计工作温度　　B. 最高工作温度　　C. 平均工作温度　　D. 最低工作温度

6. 设计压力为0.1MPa≤p<1.6MPa的压力容器属于（　）容器。

A. 低压　　B. 中压　　C. 高压　　D. 超高压

7. 设计压力为1.6MPa≤p<10MPa的压力容器属于（　）容器。

A. 低压　　B. 中压　　C. 高压　　D. 超高压

8. 设计压力为10MPa≤p<100MPa的压力容器属于（　）容器。

A. 低压　　B. 中压　　C. 高压　　D. 超高压

9. 设计压力为p≥100MPa的压力容器属于（　）容器。

A. 低压　　B. 中压　　C. 高压　　D. 超高压

10. 低温容器是指容器的设计温度低于或等于（　）的容器。

A. -10℃　　B.-20℃　　C. -30℃　　D. -40℃

11. 高温容器是指容器的设计温度高于或等于（　）的容器。

A. -20℃　　B. 30℃　　C. 100℃　　D.450℃

12.（　）容器受力均匀，在相同壁厚条件下，承载能力最高。

A. 圆筒形　　B. 锥形　　C. 球形　　D.方形

13. 在压力容器中，筒体与封头等重要部件的连接均采用（　）接头。

A. 对接　　B. 角接　　C. 搭接　　D. T形

14. 在生产中，最常用的开坡口方法是（　）。

A. 机械加工　　B. 火焰加工　　C. 电弧加工　　D. 激光加工

15. 坡口角度在焊接过程中的作用主要是保证焊透及（　）等。

A. 防止烧穿　　B. 防止变形　　C. 便于清渣

16. 焊件采用（　）坡口焊后的变形和应力较小。

A. T形 B. Y形 C. X形 D. U形

17. 加工坡口时，为防止烧穿应留有（ ）。

A. 间隙 B. 钝边 C. 坡口角度 D. 根部圆弧

18. （ ）坡口的焊缝填充金属最少。

A. I形 B. V形 C. X形 D. U形

19. （ ）坡口加工最容易。

A. V形 B. X形 C. U形

20. 焊缝按结合形式的不同分为对接焊缝、（ ）、端接焊缝、塞缝和槽焊缝。

A. I形焊缝 B. 角焊缝 C. 封底焊缝

21. V形坡口的坡口角度(指坡口面两边的合成角度)一般为（ ）。

A. 45° B. 60°～70° C. 90°

22. 选择坡口形式时应注意焊接材料( )、坡口加工能力和焊接变形。

A. 填充量 B. 特点 C. 种类

任务二 空气储罐筒体焊接工艺编制及焊接

任务解析

通过本任务，使学生能分析低碳钢Q235B的焊接性；分析空气储罐筒体的结构特点，编制其焊接工艺；按照焊接工艺要求焊接试件、分析焊接质量并完善焊接工艺，掌握Q235B的焊接性。

必备知识

一、空气储罐筒体的焊接结构

（一）结构形式

空气储罐筒体的纵焊缝是对接接头，其焊接结构如图1-11所示。

图1-11 空气储罐筒体对接焊接结构

（二）材料特点

空气储罐筒体的材料是Q235B，是最常用的低碳钢。碳素钢的分类方法很多，现介绍最常用的几种。

1. 按含碳量分

（1）低碳钢　$w_C \leqslant 0.25\%$。

（2）中碳钢　$0.25\% < w_C < 0.60\%$。

（3）高碳钢　$w_C \geqslant 0.60\%$。

2. 按品质分

（1）普通碳素钢　钢中硫、磷的质量分数较高，分别是：$w_S \leqslant 0.055\%$、$w_P \leqslant 0.045\%$。

（2）优质碳素钢　钢中硫、磷的质量分数均应≤0.035%。

（3）高级优质碳素钢　钢中硫、磷的质量分数均应≤0.030%。

（4）特级优质碳素钢　钢中硫、磷的质量分数分别是$w_S \leqslant 0.020\%$，$w_P \leqslant 0.025\%$。

3. 按用途分

（1）碳素结构钢　用于工程结构和机器零件的碳素钢。这类钢属于低碳钢和中碳钢。

（2）碳素工具钢　用于制造刀具、量具和模具的碳素钢。这类钢属于高碳钢。

4. 按钢冶炼时的脱氧程度不同分

（1）沸腾钢　脱氧程度不完全，用字母“F”表示。化学成分不够均匀，偏析较大，在机械加工或焊接后承受载荷时较易产生裂纹。

（2）镇静钢　脱氧程度完全，用字母“Z”表示。化学成分和力学性能都比较均匀，塑性、焊接性、低温下的冲击韧性和耐蚀性都较高，可用作重要钢材。

（3）特殊镇静钢　比镇静钢脱氧程度更充分，用字母“TZ”表示。

在牌号组成表示方法中，“Z”与“TZ”符号可以省略。

GB/T 13304—2008《钢分类》中以“非合金钢”一词取代传统的“碳素钢”，但在很多现行标准中仍采用“碳素钢”一词。

二、空气储罐筒体焊接性分析

空气储罐筒体的材料是Q235B，其物理性能见表1-3。

表 1-3　Q235B 钢的物理性能

名称	密度/g·cm^{-3}	熔点/℃	线膨胀系数/10^{-6}K^{-1}		热导率/W·(m·K)$^{-1}$		比热容/J·(kg·K)$^{-1}$		电阻率(20℃)/10^{-6}Ω·m
			20~100℃	20~200℃	20℃	100℃	100℃	200℃	
Q235B	7.82	1538	11.16	12.12	51.08	50.24	469	481	0.120

（一）焊接性概念

根据GB/T 3375—1994《焊接术语》中的定义，金属材料的焊接性指“金属材料在限定的施工条件下焊接成规定设计要求的构件，并满足预定服役要求的能力”。优质的焊接接头应满足两个条件：一是接头中的缺陷必须不超过质量标准规定；二是要具有预期的使用性能。总之，金属材料的焊接性是金属材料对焊接加工的适应性，包括工艺性能和使用性能。

1. 工艺性能

工艺性能即在一定的焊接工艺条件下，能否获得优质、无缺陷的焊接接头的能力，主要涉及焊接工艺过程中的焊接缺陷问题，如裂纹、气孔、夹杂等。

2. 使用性能

使用性能是指焊接接头或焊接结构满足技术条件所规定的各种使用性能的程度，主要指焊接接头的力学性能（强度、塑性、韧性、硬度等）和其他特殊性能（如耐高温、耐腐蚀、耐低温、耐磨性和抗疲劳等），关系到焊接接头的使用可靠性问题。

金属材料焊接性的内容是多方面的，对于不同材料和不同工作条件下的焊件，焊接性的主要内容不同。例如：普通低合金结构钢，对淬硬和冷裂纹比较敏感，因此在焊接这种材料时，如何解决淬硬和冷裂纹问题就成为普通低合金结构钢焊接性的主要内容；又如焊接奥氏体不锈钢时，晶间腐蚀和热裂纹问题是主要矛盾，因而也就是其焊接性的主要内容。即使对于同一种金属材料，当采用不同焊接方法、焊接材料及不同的工作条件时，其焊接性也可能有很大的差别。焊接性好的材料，在焊接时不采用其他附加工艺措施，就能获得无焊接缺陷并有良好力学性能的焊接接头。因此焊接性是一个相对的概念。

（二）影响金属材料焊接性的因素

金属材料焊接性的好坏，主要取决于材料的化学成分，而且与结构的复杂程度、刚性、焊接方法、采用的焊接材料、焊接工艺条件及结构的使用条件等都有密切的关系。

1. 材料因素

材料因素包括焊件本身和使用的焊接材料，如焊条电弧焊时的焊条、埋弧焊时的焊丝和焊剂、气体保护焊时的焊丝和保护气体等。它们在焊接时都参与熔池或半熔化区内的冶金过程，直接影响焊接质量。母材或焊接材料选用不当时，会造成焊缝金属化学成分不合格，力学性能和其他使用性能降低，还会出现气孔、裂纹等缺陷，也就是使工艺性能变差。由此可见，正确选用焊件和焊接材料是保证焊接性良好的重要基础，必须十分重视。

2. 工艺因素

对于同一焊件，当采用不同的焊接方法和工艺措施时，所表现的焊接性也不同。例如：钛合金对氧、氮、氢极为敏感，不宜采用气焊和焊条电弧焊，而采用氩弧焊或真空电子束焊，由于可防止氧、氮、氢等侵入焊接区，就比较容易焊接；铝合金对氧敏感，采用二氧化碳气体保护焊无法获得合格接头，但采用氩弧焊可以获得良好的接头质量；奥氏体不锈钢焊接接头易发生晶间腐蚀，为保证接头耐蚀性的要求，可以采用焊条电弧焊和氩弧焊，但不可以采用电渣焊。

焊接方法对焊接性的影响，首先表现在焊接热源能量密度大小、温度高低及热输入的多少。例如：对于有过热敏感的高强度钢，从防止过热出发，适宜选用窄间隙焊接、等离子弧焊、电子束焊等方法，有利于改善焊接性；对于灰铸铁，焊接时容易产生白口组织，从防止白口组织出发，应选用气焊等方法。其次表现在保护方式的选择，如渣保护、气保护、渣-气联合保护等不同的保护方式，对焊缝冶金过程具有不同的作用，从而影响焊缝金属的质量和性能。

工艺措施对防止焊接接头缺陷，提高使用性能也有重要的作用。如焊前预热、焊后缓冷和去氢处理等，对防止热影响区淬硬变脆、降低焊接应力、避免氢致冷裂纹是比较有效的措施。另外，合理安排焊接顺序也能减小应力变形。收缩量大、焊后可能产生较大焊接应力的焊缝先焊接，使之能在拘束度较小的情况下收缩，以减小焊接残余应力，如图1-12所示。对于X形坡口，可采用分散对称的焊接顺序，以减小焊接应力和变形，如图1-13所示。对接焊缝的收缩量比角焊缝的收缩量大，故同一构件中应先焊对接焊缝。长焊缝尽可能采用分段退焊或跳焊的方法进行焊接，这样加热时间短、温度低且分布均匀，可减小焊接应力和变形，如图1-14所示。

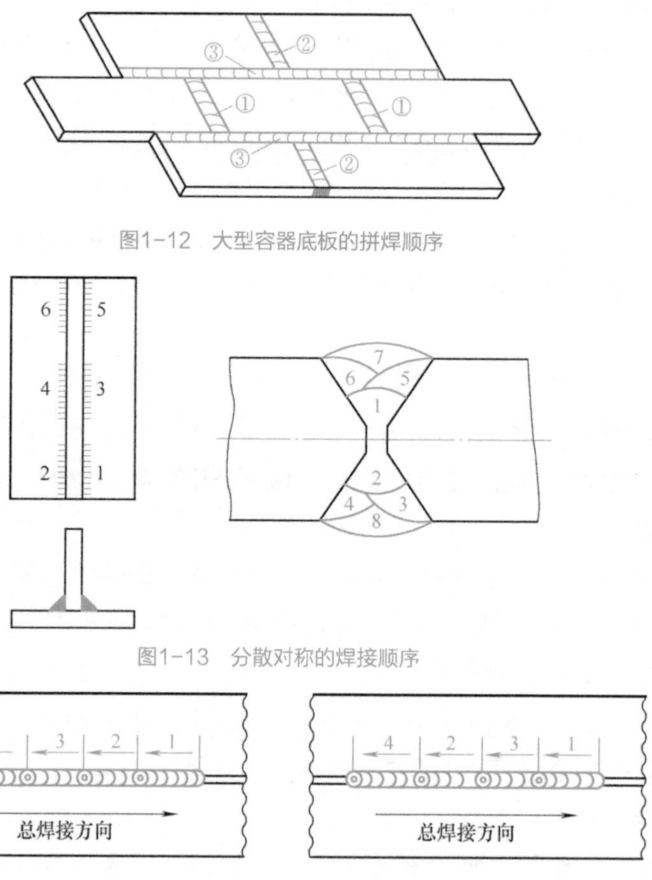

图1-12 大型容器底板的拼焊顺序

图1-13 分散对称的焊接顺序

图1-14 长焊缝的分段焊

a）退焊 b）跳焊

3. 结构因素

焊接接头的结构设计会影响接头应力分布状态，从而对焊接性产生影响。应使焊接接头处于刚度较小的状态，能够自由收缩，有利于减小应力集中，防止焊接裂纹。缺口、截面突变过大、焊缝余高过大、交叉焊缝等都容易引起应力集中，要尽量避免。不必要地增大焊件厚度和焊缝体积，将易产生多向应力。总体来说，焊接结构的设计有如下原则：焊缝的布置应尽量分散；焊缝应尽量对称布置；焊缝应避开应力较大部位；焊缝应避开机械加工面，焊缝布置应便于焊接操作。如图1-15~图1-19所示。

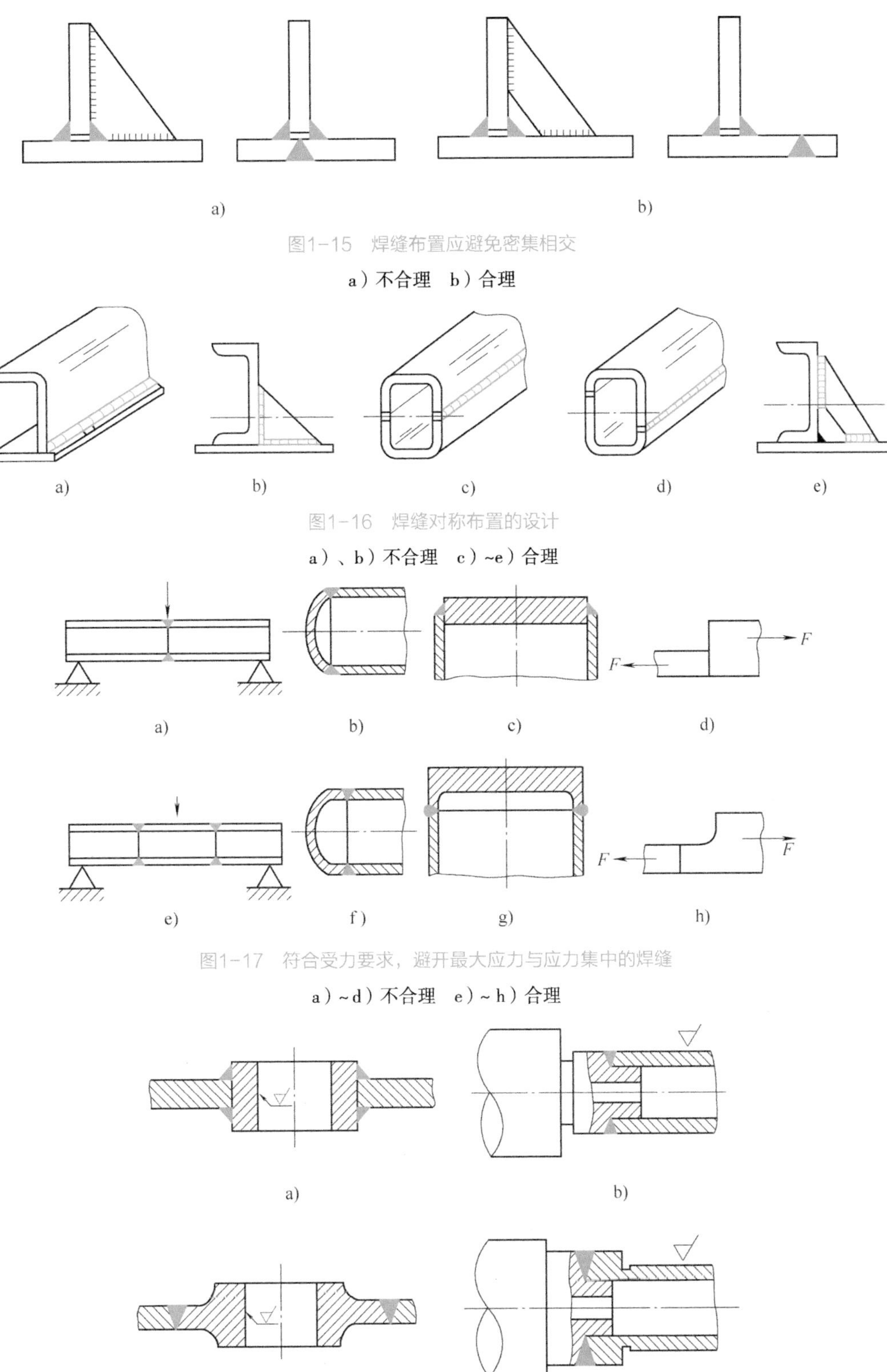

图1-15　焊缝布置应避免密集相交

a）不合理　b）合理

图1-16　焊缝对称布置的设计

a）、b）不合理　c）~e）合理

图1-17　符合受力要求，避开最大应力与应力集中的焊缝

a）~d）不合理　e）~h）合理

图1-18　焊缝应避开机械加工面

a）、b）不合理　c）、d）合理

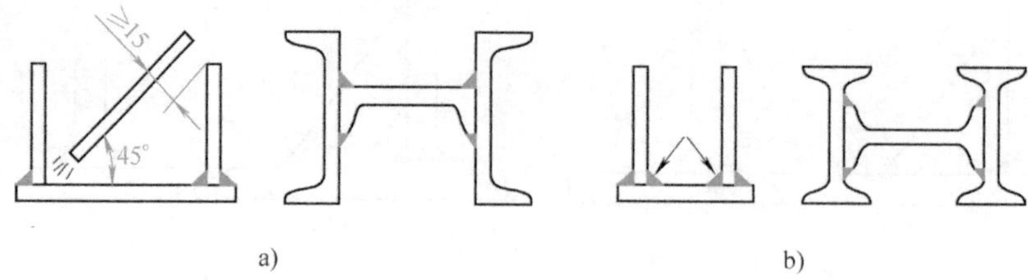

图1-19 焊缝布置应便于焊接操作

a）合理 b）不合理

4. 使用条件

焊接结构的使用条件是多种多样的，有在高温、低温下工作和腐蚀介质下工作及在静载或动载条件下工作等。当在高温下工作时，可能产生蠕变；当在低温下工作或冲击载荷下工作时，容易发生脆性断裂；而在腐蚀介质下工作时，接头要求具有耐蚀性。总之，使用条件越不利，焊接性就越不容易保证。

总之，金属材料的焊接性与上述条件密切相关，不能只用一个指标来简单地衡量某种材料的焊接性好或不好。常用金属材料焊接难易程度见表1-4。

表 1-4 常用金属材料焊接难易程度

金属及其合金		焊条电弧焊	埋弧焊	二氧化碳气体保护焊	惰性气体保护焊	电渣焊	电子束焊	钎焊
铸铁	灰铸铁	B	D	D	B	B	C	C
	可锻铸铁	B	D	D	B	B	C	C
碳素钢	低碳钢	A	A	A	B	A	A	A
	中碳钢	A	A	A	B	B	A	B
	高碳钢	A	B	B	B	B	A	B
低合金钢	铬钒钢	A	A	A	B	A	B	B
	锰钢	A	A	A	B	A	B	B
不锈钢	奥氏体不锈钢	A	A	A	A	C	A	B
	铁素体不锈钢	A	A	B	A	C	A	C
	马氏体不锈钢	A	A	B	A	C	A	C
有色金属	纯铝	B	D	D	A	D	A	B
	非热处理铝合金	B	D	D	A	D	A	B
	热处理铝合金	B	D	D	B	D	A	C
	镁合金	D	D	D	A	B	C	C
	钛合金	D	D	D	A	A	D	D
	铜合金	B	D	C	A	B	B	B

注：A—通常采用；B—有时采用；C—很少采用；D—不采用。

（三）焊接性评定内容

焊接工艺的制订须以金属材料焊接性为依据，虽然最终目的都是为了获得完整且满足使用要求的优质焊接接头，但针对不同材料和不同的使用要求，焊接性评定的内容和试验方法也有所不同。合金结构钢焊接性分析时应考虑的问题见表1–5。

表 1–5　合金结构钢焊接性分析时应考虑的问题

金属材料		焊接性重点分析的内容
合金结构钢	热轧及正火钢	冷裂纹、热裂纹、再热裂纹、层状撕裂(厚大件)、热影响区脆化(正火钢)
	低碳调质钢	冷裂纹、根部裂纹、热裂纹(含镍钢)、热影响区脆化、热影响区软化
	中碳调质钢	热裂纹、冷裂纹、热影响区脆化、热影响区软化
	珠光体耐热钢	冷裂纹、热影响区脆化、再热裂纹、蠕变强度、持久强度
	低温钢	低温缺口韧性、冷裂纹

1. 焊缝金属抵抗产生热裂纹的能力

熔池金属结晶时，由于存在一些有害的元素（如硫、磷等）易与铁形成低熔点的共晶物，并受到热应力的作用，可能在结晶末期产生热裂纹。热裂纹是一种较常发生又对焊接接头危害严重的焊接缺陷，其产生既和母材有关，又与焊接材料有关。因此，测定焊缝金属抵抗产生热裂纹的能力是焊接性试验的一项重要内容，通常是通过热裂纹试验来进行的。

2. 焊缝及热影响区金属抵抗产生冷裂纹的能力

焊缝及热影响区金属在焊接热循环作用下，组织及性能会发生变化，如图1–20所示。加之受

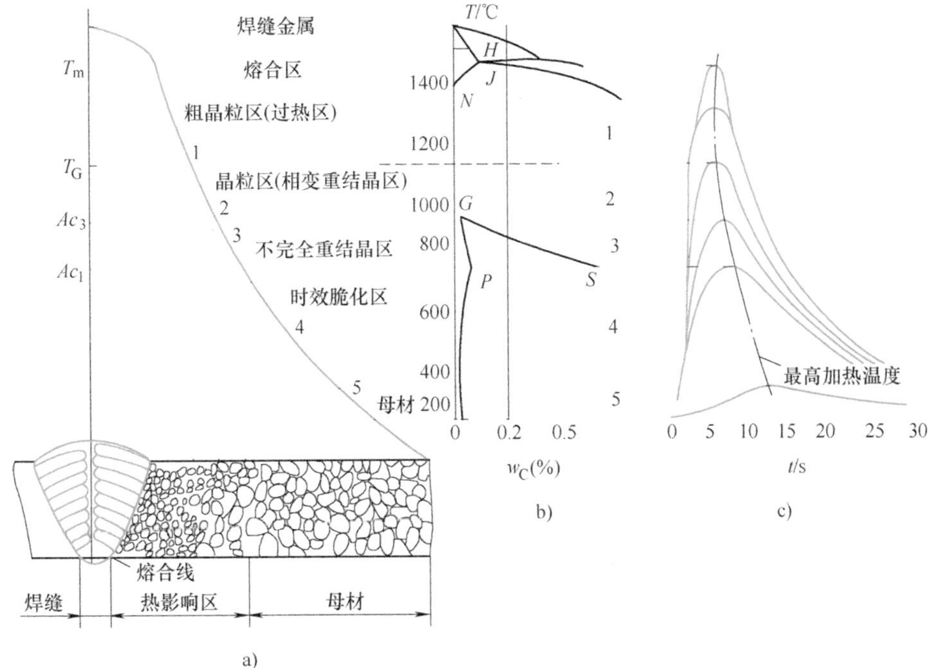

图1–20　焊接热影响区的组织分布与相图的关系

a）热影响区的组织分布　b）铁碳相图　c）热循环

焊接应力和扩散氢的影响，可能产生冷裂纹。冷裂纹在合金结构钢焊接中最为常见。由于冷裂纹具有延迟性，因此它是对焊接接头和焊接结构危害很大的焊接缺陷。因此，金属材料对冷裂纹的敏感性试验是既重要又最常用的焊接性试验。

3. 焊接接头抵抗脆性断裂的能力

经过焊接冶金反应、热循环、结晶、固态相变等一系列过程，焊接接头由于受脆性组织、硬脆的非金属夹杂物、时效脆化、冷作硬化等作用，韧性严重降低。对于在低温下工作和承受冲击载荷的焊接结构，会因为焊接接头的韧性降低而发生脆性破坏。因此，对用作这类结构的材料应进行抗脆断能力试验。

4. 焊接接头的使用性能

由于使用性能对焊接性提出许多不同的要求，所以有很多焊接性试验项目是从使用性能角度出发确定的，即根据特定的使用性能确定专门的焊接性试验方法。属于这方面的试验内容如蠕变强度、疲劳强度、抗晶间腐蚀能力等。此外，还有一些针对具体特定结构的专门试验方法，如厚板焊接时的层状撕裂试验、某些低合金钢的再热裂纹试验、应力腐蚀试验等。

（四）金属材料焊接性的分析与评定方法

常用的分析与评定方法有间接判断法和直接试验法。

1. 间接判断法

间接判断法一般不需要焊接，只需对产品使用的材料做化学成分、物理性能、化学性能、金相组织或力学性能的试验分析与测定，根据结果和经验推测材料的焊接性，主要有碳当量法、焊接冷裂纹敏感指数法、连续冷却组织转变曲线法、焊接热-应力模拟法、焊接热影响区最高硬度法及焊接区断口金相分析等。

（1）碳当量法　判断焊接性最简便的间接法是碳当量法。碳当量是把钢中合金元素（包括碳）的含量，按其作用换算成碳的相当含量，可作为评定钢材焊接性的一种参考指标。

钢材的化学成分是决定焊接热影响区是否淬硬的基本条件。在钢材的各种化学元素中，对焊接性影响最大的是碳，碳是引起淬硬的主要元素，故常把钢中含碳量的多少作为判别钢材焊接性的主要标志。钢中含碳量越高时，其焊接性越差。钢中除了碳元素以外，其他的元素如锰、铬、镍、钼等对淬硬都有影响，故可将这些元素根据它们对焊接性影响的大小，换算成相当的碳元素含量，即用碳当量来判别焊接性的好坏。应该指出，用碳当量法分析焊接性的好坏是比较粗略的，因为公式中只考虑了几种元素的影响，实际上钢材中可能还含有其他元素，并且没有考虑元素之间的相互作用，特别是没有考虑板厚和焊接条件等因素的影响，所以碳当量法只能用于对钢材焊接性的初步分析。

碳当量的估算公式有很多形式，其中以国际焊接学会（IIW）推荐的CE_{IIW}、日本JIS（日本工业标准）规定的CE_{JIS}以及美国焊接学会（AWS）推荐的CE_{AWS}应用比较广泛。式（1-1）是国际焊接协会（IIW）推荐的估算碳素钢及低合金钢的碳当量计算公式

$$CE_{IIW}=C+\frac{Mn}{6}+\frac{Cr+Mo+V}{5}+\frac{Ni+Cu}{15} \qquad (1-1)$$

式中的元素符号表示其在钢中的质量分数。根据经验：当$CE_{IIW}<0.4\%$时，钢材的焊接性优良，淬硬倾向不明显，焊接时不必预热；当$CE_{IIW}=0.4\%\sim0.6\%$时，钢材的淬硬倾向逐渐明显，需要采取适当预热和控制热输入等工艺措施；当$CE_{IIW}>0.6\%$时，淬硬倾向强，属于较难焊接的材料，需采取较高的预热温度和严格的工艺措施。此计算公式主要适用于中高等级的非调质低合金高强度钢（R_m=500~900MPa）。

式（1-2）是日本JIS规定的碳当量计算公式。当板厚小于25mm、焊条电弧焊热输入为17kJ/cm时，根据CE_{JIS}的数据确定预热温度大致如下。

$$CE_{JIS}=C+\frac{Mn}{6}+\frac{Si}{24}+\frac{Ni}{40}+\frac{Cr}{5}+\frac{Mo}{4}+\frac{V}{14} \tag{1-2}$$

式中的元素符号表示其在钢中的质量分数。钢材R_m=500MPa，$CE_{JIS}\approx0.46\%$，不预热；钢材R_m=600MPa，$CE_{JIS}\approx0.52\%$，预热温度为75℃；钢材R_m=700MPa，$CE_{JIS}\approx0.52\%$，预热温度为100℃；钢材R_m=800MPa，$CE_{JIS}\approx0.62\%$，预热温度为150℃。此计算公式主要适用于低合金高强度调质钢（R_m=500~1000MPa）。

式（1-3）是美国焊接学会（AWS）推荐的碳当量计算公式。应根据CE_{AWS}值再结合板厚，先从图1-21中查出该钢材焊接性的优劣性，再根据表1-6确定出其焊接的最佳工艺措施。

$$CE_{AWS}=C+\frac{Mn}{6}+\frac{Si}{24}+\frac{Ni}{15}+\frac{Cr}{5}+\frac{Mo}{4}+\frac{Cu}{13}+\frac{P}{2} \tag{1-3}$$

式中的元素符号表示其在钢中的质量分数，主要适用于碳素钢和低合金钢。

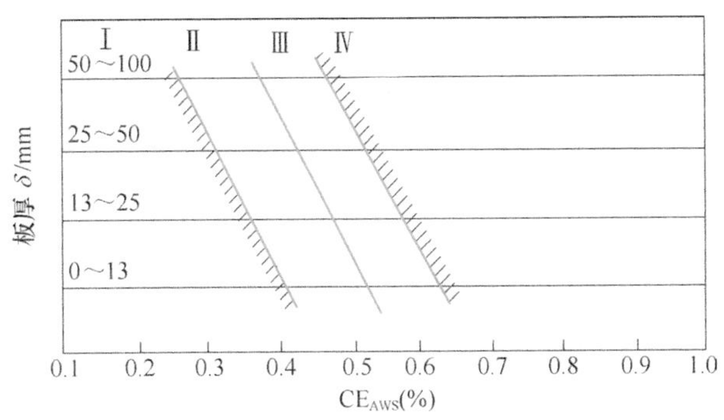

图1-21 焊接性与碳当量和板厚的关系

Ⅰ—优良 Ⅱ—较好 Ⅲ—尚好 Ⅳ—尚可

表 1-6 钢材焊接性等级不同时的焊接工艺措施

焊接性等级	酸性焊条	碱性焊条	消除应力
Ⅰ—优良	不需预热	不需预热	不需
Ⅱ—较好	预热40~100℃	-10℃以上不预热	均可
Ⅲ—尚好	预热150℃	预热40~100℃	需要
Ⅳ—尚可	预热150~200℃	预热100℃	需要

用上述方法来判断钢材的焊接性只是近似估计，并不完全代表材料的实际焊接性。

（2）焊接冷裂纹敏感指数法　根据碳当量，可以预测低合金钢的焊接冷裂纹敏感性。所采用的判据公式有许多种。每种公式的适用条件不同，所以在选择公式时应根据具体情况而定。

利用碳当量所建立的各种冷裂纹判据公式，主要是确定为了防止冷裂纹所需要的预热温度、产生冷裂纹的临界应力及临界冷却时间等。

$$P_C=C+\frac{Si}{30}+\frac{Mn+Cu+Cr}{20}+\frac{Ni}{60}+\frac{Mo}{15}+\frac{V}{10}+5B+\frac{[H]}{60}+\frac{\delta}{600} \tag{1-4}$$

$$P_W=C+\frac{Si}{30}+\frac{Mn+Cu+Cr}{20}+\frac{Ni}{60}+\frac{Mo}{15}+\frac{V}{10}+5B+\frac{[H]}{60}+\frac{R}{4\times10^5} \tag{1-5}$$

$$P_H=C+\frac{Si}{30}+\frac{Mn+Cu+Cr}{20}+\frac{Ni}{60}+\frac{Mo}{15}+\frac{V}{10}+5B+0.0751g[H]+\frac{R}{4\times10^5} \tag{1-6}$$

式中　[H]——熔敷金属中扩散氢的含量（mL/100g）；

δ——被焊金属的板厚（mm）；

R——拘束度（N/mm^2）。

式中的元素符号表示其在钢中的质量分数。

根据冷裂纹敏感指数P_C、P_W、P_H建立的预热温度计算公式见表1-7。

表 1-7　预热温度计算公式

预热温度t_0(℃)计算公式	冷裂纹敏感判据公式及判据	公式的适用条件
t_0=1440P_C−392	式(1-4)，P_C；式(1-5)，P_W	切槽式斜Y形坡口试件，适用于w_C≤0.17%的低合金钢，[H]=1~5mL/100g，δ=19~50mm
t_0=1600P_H−408	式(1-6)，P_H	斜Y形坡口试件，适用于w_C≤0.17%的低合金钢，但[H]>5mL/100g，R=5000~33000N/mm^2

（3）焊接热影响区最高硬度法　焊接热影响区最高硬度法比碳当量法能更好地判断钢材的淬硬倾向和冷裂纹敏感性，因为它不仅反映了钢材化学成分的影响，而且也反映了金属组织的作用。由于该试验方法简单，已被国际焊接学会（IIW）纳为标准。试板用气割下料，形状和尺寸如图1-22和表1-8所示。标准厚度为20mm，当厚度超过20mm时，则须机加工成20mm，只保留一个轧制表面。当厚度小于 20mm时，则无须加工。

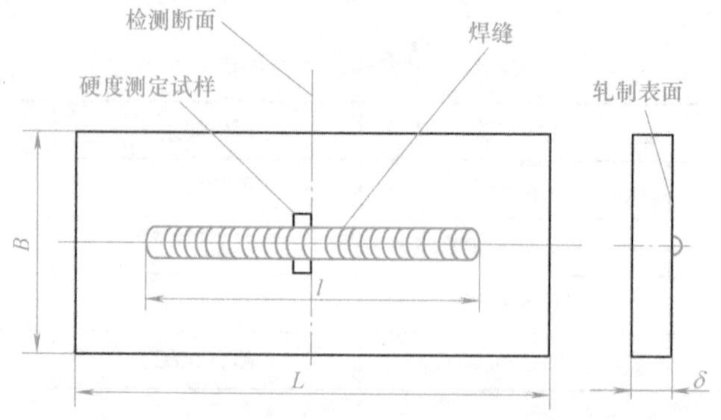

图1-22　热影响区最高硬度法试板

表 1-8　热影响区最高硬度法试板尺寸　　（单位：mm）

试板号	试板长度L	试板宽度B	焊缝长度l
1号试板	200	75	125±10
2号试板	200	150	125±10

焊前应仔细去除试板表面的油污、水分和铁锈等杂质。焊接时试板两端支承架空，下面留有足够的空间。1号试板在室温下，2号试板在预热温度下进行焊接。焊接参数为：焊条直径为4mm；焊接电流为170A；焊接速度为150mm/min。沿轧制方向在试板表面中心线水平位置焊长度为（125±10）mm的焊缝，如图1-22所示。焊后自然冷却12h后，采用机加工法垂直切割焊缝中部，然后在断面上切取硬度测定试样，切取时，必须在切口处冷却，以免焊接热影响区的硬度因断面升温而下降。

测量硬度时，试样表面经研磨后进行腐蚀，按图1-23所示的位置，在O点两侧各取7个以上的点作为硬度测定点，每点的间距为0.5mm，采用载荷为100N的维氏硬度计在室温下进行测定。试验规程按GB/T 4340.1—2009《金属材料　维氏硬度试验　第1部分：试验方法》的有关规定进行。

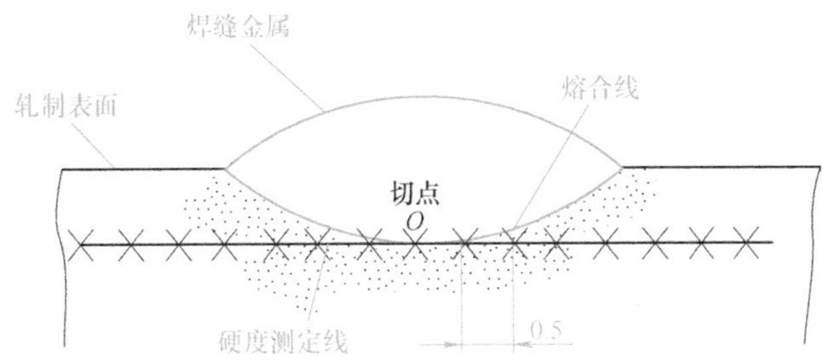

图1-23　测量硬度的位置

近年来大量实践证明，对不同钢材、不同工艺条件规定一个统一标准是不够科学的。因为首先焊接性除了与钢材的成分及组织有关外，还受应力状态、含氢量等因素的影响；其次，对低碳低合金钢来说，即使热影响区有一定量的马氏体组织存在，仍然具有较高的韧性及塑性。因此对不同强度等级和不同含碳量的钢材，应该确定不同的HV_{max}许可值来评价钢材的焊接性才客观、准确。

（4）物理性能分析法　金属的熔点、热导率、线膨胀系数、比热容及密度等物理性能，对焊接热循环、化学冶金反应及凝固相变等过程都有明显的影响。根据金属材料物理性能的特点，可以估计出在焊接过程中出现的问题并设法加以解决。如焊接热导率较高的铜时，由于散热快，很容易产生熔透不足的缺陷，在凝固过程中又很容易产生气孔；而对于热导率较低的材料，则因焊接时温度梯度大，会产生较大的应力或变形，或是由于在高温停留时间较长而导致晶粒粗化等。此外，焊接线膨胀系数大的金属时，接头的应力及变形必然严重；焊接密度小的金属（如铝及其合金）时，则容易在焊缝中形成气孔或夹杂物。

（5）化学性能分析法　化学性能活泼的金属，在焊接过程中极易氧化（如铝、钛及其合金），有些金属甚至对氧、氢、氮等气体都极为敏感。因此在焊接时，需要采用更为可靠的保护方式（如惰性气体保护或在真空中焊接），有时焊缝背面也要加以保护，以防止氧、氢、氮等对焊缝及热影响区的污染。

2. 直接试验法

采用新材料制造焊接产品，必须知道这种材料的特点及产品在焊接和使用中可能出现的问题，以便在焊接时采取相应的工艺措施。一种情况是模拟实际焊接条件，通过实际焊接过程考查是否会产生某种焊接缺陷，或产生缺陷的严重程度，根据结果直接评价材料的焊接性（即焊接性对比试验）；也可以通过试验确定获得符合要求的焊接接头所需的焊接条件（即工艺适应性试验），这种情况一般用于工艺焊接性试验。另一种情况是直接在实际产品上进行焊接性试验，如压力容器的焊接，主要用于使用焊接性试验。通过焊接性的直接试验，可以较小的代价获得进行生产准备和制订焊接工艺措施的初步依据。具体来说可以达到以下目的。

1）选择适用于基体金属的焊接材料。

2）确定合适的焊接电流、电弧电压、焊接速度与预热温度、层间保温、焊后缓冷及热处理的要求等。

3）用于研制新材料，直接焊接性试验包括抗裂性试验和焊接接头使用性能试验两方面。

常用的直接（抗裂性）试验方法和应用范围如下。

① 焊接冷裂纹试验。常用的有插销试验、斜Y形坡口焊接裂纹试验、拉伸拘束裂纹试验（TRC试验）、刚性拘束裂纹试验（RRC试验）等。

② 焊接热裂纹试验。常用的有可调拘束裂纹试验、压板对接（FISCO）焊接裂纹试验、窗形拘束裂纹试验、刚性固定对接裂纹试验等。

③ 再热裂纹试验。常用的有H形拘束试验、缺口试棒应力松弛试验、U形弯曲试验等，还可以利用插销试验进行再热裂纹试验。

④ 层状撕裂试验。常用的有Z向拉伸试验、Z向窗口试验等。

⑤ 应力腐蚀裂纹试验。常用的有U形弯曲试验、缺口试验、预制裂纹试验等。

⑥脆性断裂试验。除低温冲击试验外，常用的还有落锤试验、裂纹张开位移试验（COD）及Wells宽板拉伸试验等。

3. 选择试验方法的原则

（1）试验方法应与焊件的刚性条件、实际生产和使用条件尽量接近　这些条件包括母材、焊接材料、接头形式、环境温度、接头受力状态、焊接参数等，而且试验条件还应考虑产品的使用条件，尽量使之接近。只有这样才能使焊接性试验具有良好的针对性，其试验结果能比较确切地显示出实际生产时可能发生的问题或可能获得的结果。

（2）焊接性试验的结果要稳定可靠，具有较好的再现性　试验所得数据不可过于分散，只有这样才能正确显示变化规律，获得能够指导生产实践的结论。试验方法应尽可能减少或避免人为因素的影响，多采用自动化、机械化的操作，少采用人工操作。另外，应对试验条件进行严格规定，防止随意性。

（3）应选用最经济和方便的试验方法　在符合上述原则并可获得可靠结果的前提下，要力求减少材料消耗，避免复杂昂贵的加工工序，节约试验费用。

在进行焊接性的直接试验时，不仅要考虑焊接产品应避免产生裂纹，还应考虑钢材经过焊接后的性能变化是否会影响使用中的安全可靠性，对焊接接头各个部位的塑性和韧性等使用性能进行试验。常用的使用性能试验有冲击韧度试验和弯曲试验等。

（五）常用的焊接性试验方法

1. 斜Y形坡口焊接裂纹试验

该试验主要用于评价碳素钢和低合金钢焊接热影响区的冷裂纹敏感性，属于自拘束裂纹试验，通常称为“铁研”试验。试验规范可参照CB/T 4364—2013《斜Y型坡口焊接裂纹试验方法》或GB/T 32260.2—2015《金属材料焊缝的破坏性试验　焊件的冷裂纹试验　弧焊方法　第2部分：自拘束试验》。

试件的形状和尺寸如图1–24所示，由被焊钢材组成。板厚δ不做规定，常用为9~38mm。试件坡口采用机械切削方法加工，每一种试验条件要制备两块以上试件。

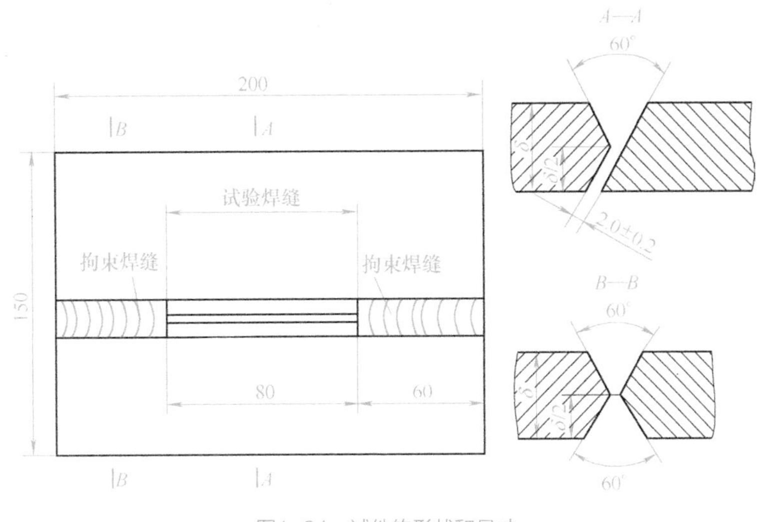

图1–24　试件的形状和尺寸

试件两侧各在60mm范围内施焊拘束焊缝，采用双面焊透。要保持待焊试验焊缝处有2mm装配间隙和不产生角变形及未焊透（因为变形会改变应力状态，未焊透会引起应力集中）。

试验焊缝所用的焊条原则上与试验钢材相匹配，焊前要严格进行烘干；根据需要可在各种预热温度下焊接；推荐采用下列焊接参数：焊条直径为4mm，焊接电流为（170±10）A，电弧电压为（24±2）V，焊接速度为（150±10）mm/ min。在焊接试验焊缝时，如果采用焊条电弧焊，按图1–25所示进行焊接；如果采用焊条自动送进装置焊接，按图1–26所示施焊。均只焊接一道焊缝且不填满坡口，焊后经48h后，对试件进行检测和解剖。

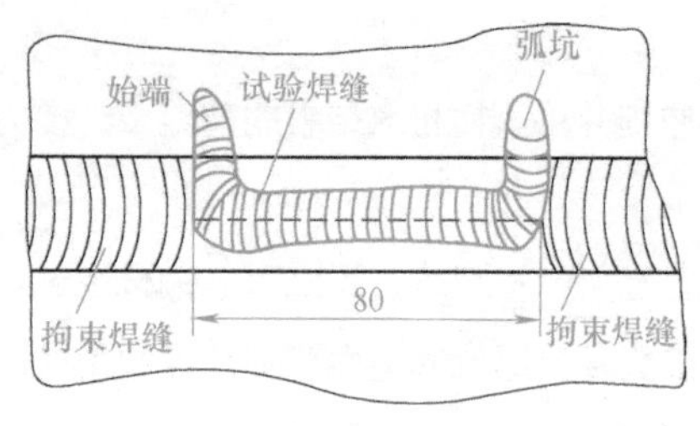

图1-25 焊条电弧焊焊接试验焊缝

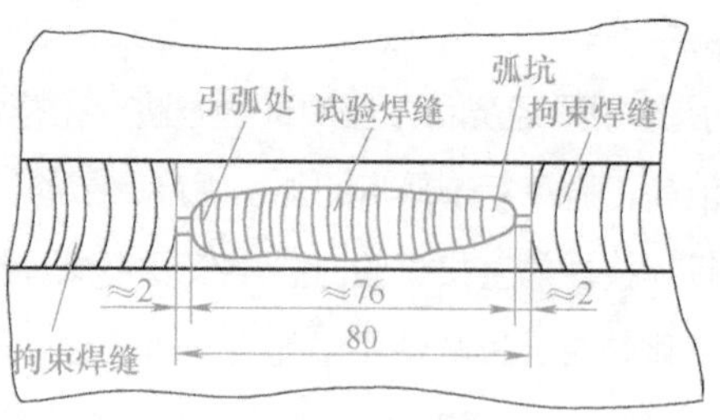

图1-26 采用焊条自动送进装置焊接试验焊缝

检测裂纹时，用肉眼或手持放大镜仔细检查焊接接头表面和断面是否有裂纹，并按下列方法分别计算表面、根部和断面的裂纹率。图1-27所示为裂纹长度的计算。

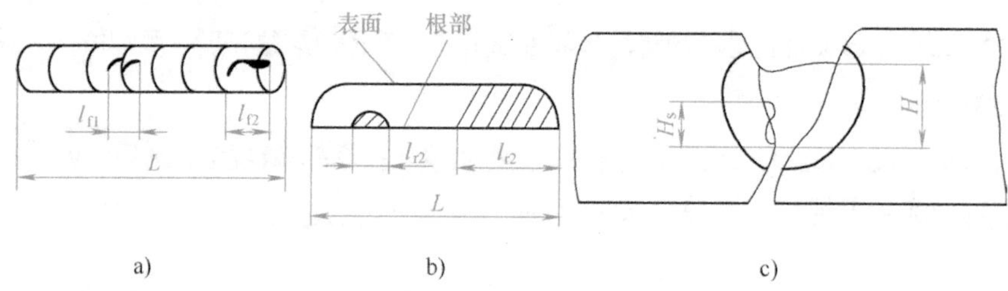

图1-27 裂纹长度的计算

a）表面裂纹 b）根部裂纹 c）断面裂纹

（1）表面裂纹率C_f 如图 1-27a所示，按下式计算C_f，即

$$C_f=\frac{\sum l_f}{L}\times 100\%$$

式中 $\sum l_f$——表面裂纹长度之和；

L——试验焊缝长度。

（2）根部裂纹率 C_r 检测根部裂纹时，应先将试件着色后拉断或弯断，然后按图1-27b所示进行根部裂纹长度测量，按下式计算 C_r，即

$$C_r=\frac{\sum l_r}{L}\times 100\%$$

式中 $\sum l_r$——根部裂纹长度总和。

（3）断面裂纹率 C_s 在试验焊缝上，用机械加工等分地切取4~6 块试样，检查五个横断面上的裂纹深度H_s，如图 1-27c所示，按下式计算C_s，即

$$C_s=\frac{\sum H_s}{\sum H}\times 100\%$$

式中 $\sum H_s$——五个横断面裂纹深度的总和；

$\sum H$——五个横断面焊缝的最小厚度的总和。

由于斜Y形坡口焊接裂纹试验接头的拘束度远比实际结构大，根部尖角又有应力集中，所以试验条件比较苛刻。一般认为，在这种试验中若裂纹率低于20%，在实际结构焊接时就不致产生

裂纹。这种试验方法的优点是试件易于加工，不需特殊装置，操作简单，试验结果可靠；缺点是试验周期较长。除斜Y形坡口试件外，可以做成直Y形坡口的试件，用于考核焊条或异种钢焊接的裂纹敏感性，其试验程序以及裂纹率的检测和计算与斜Y形坡口试件相同。

2. 插销试验

插销试验是主要用于测定碳素钢和低合金钢焊接热影响区对冷裂纹敏感性的一种定量试验方法。因试验消耗钢材少，试验结果稳定可靠，在国内外都广泛应用。我国已制定了国家标准GB/T 32260.3—2015《金属材料焊缝的破坏性试验　焊件的冷裂纹试验　弧焊方法　第3部分：外载荷试验》。经适当改变，此方法还可用于测定再热裂纹和层状撕裂的敏感性。

插销试验的基本原理是根据产生冷裂纹的三大要素（即钢的淬硬倾向、氢的行为和局部区域的应力状态），以定量的方法测出被焊钢焊接冷裂纹的临界应力，作为冷裂纹敏感性指标。具体方法是把被焊钢材做成直径为8mm（或6mm）的圆柱形试棒（插销），插入与试棒直径相同的底板孔中（图1-28），其上端与底板的上表面平齐。试棒的上端有环形或螺形缺口，然后在底板上按规定的焊接热输入熔敷一道焊缝，尽量使焊道中心线通过插销的端面中心。该焊道的熔深，应保证缺口位于热影响区的粗晶部位。插销的尺寸见表1-9。插销的形状如图1-29所示。

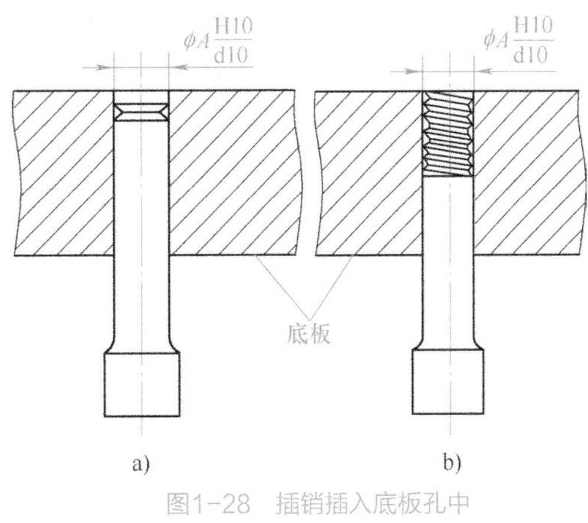

图1-28　插销插入底板孔中

a）环形缺口插销　b）螺形缺口插销

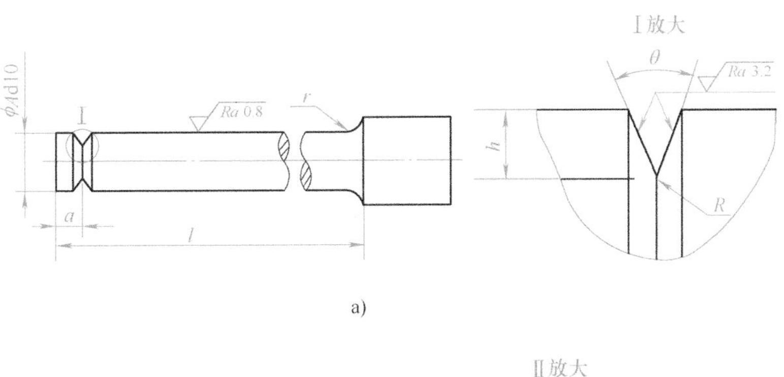

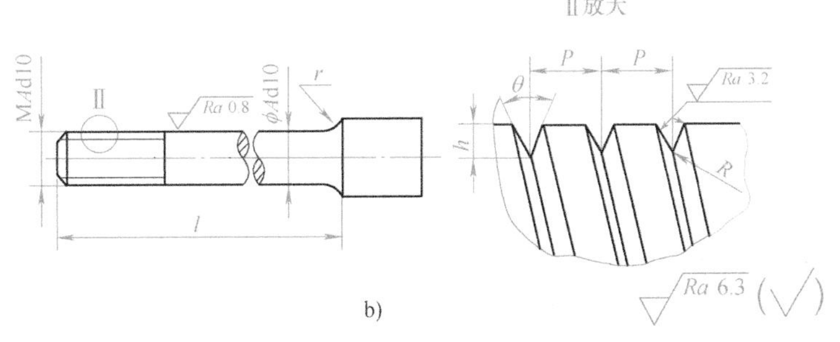

图1-29　插销的形状

a）环形缺口插销　b）螺形缺口插销

表 1-9　插销的尺寸

缺口类型	A/mm	h/mm	θ/(°)	R/mm	P/mm	l/mm
环形	8	0.5±0.05	40±2	0.1±0.02	—	大于底板的厚度,一般为30~150
螺形					1	
环形	6	0.5±0.05	40±2	0.1±0.02	—	
螺形					1	

对于环形缺口插销，缺口与端面的距离a（图 1-29a）应使焊道熔深与缺口根部所截的平面相切或相交，但缺口根部圆周被熔透的部分不得超过20%，如图 1-30所示。

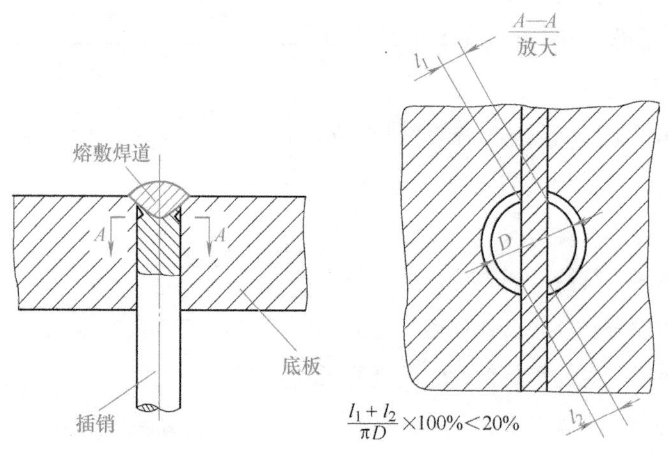

图1-30　熔透比的计算

对于低合金钢，a值在正常焊接热输入时（E =15kJ/cm）约为2mm，如果改变焊接热输入，a值的变化见表1-10。

表 1-10　缺口位置 a 与热输入 E 的关系

E/kJ · cm^{-1}	9	10	13	15	16	20
a/mm	1.35	1.45	1.85	2.0	2.1	2.4

在焊后冷却至100~150℃时（有预热时应冷却至高出预热温度50~70℃）加载，当保持载荷16h或24h（有预热）期间试棒发生断裂，即得到该试验条件下的临界应力；如果在保持载荷期间未发生断裂，应调整载荷直至发生断裂为止，可得到不同的临界应力。临界应力越小，说明材料对冷裂纹越敏感。

使用专门设备的焊接性试验方法，还有拉伸拘束裂纹试验（TRC试验）和刚性拘束裂纹试验（RRC试验）。但这两种试验方法所用设备庞大，试件消耗的材料很多，因此，国内应用最多的是插销试验。

插销试验具有以下特点。

1）因为试件尺寸小，底板材料与插销材料又不必完全相同，并且底板可重复使用，所以试验材料损耗小。

2）调整焊接热输入及底板厚度，即可得到不同的冷却速度。

3）因插销尺寸小，故可从被试验材料的任意方向取样，也可以从全熔敷金属中取样，以测定焊缝金属对冷裂纹的敏感性。

4）环形缺口整个圆周温度往往不可能达到十分均匀，这将影响试验结果的准确性，造成数据分散，再现性不是很好。

3. 其他焊接性试验方法简介

（1）拉伸拘束裂纹试验（TRC试验）　拉伸拘束裂纹试验是一种大型定量评定冷裂纹的试验方法。TRC 试验机的简图如图1-31所示。

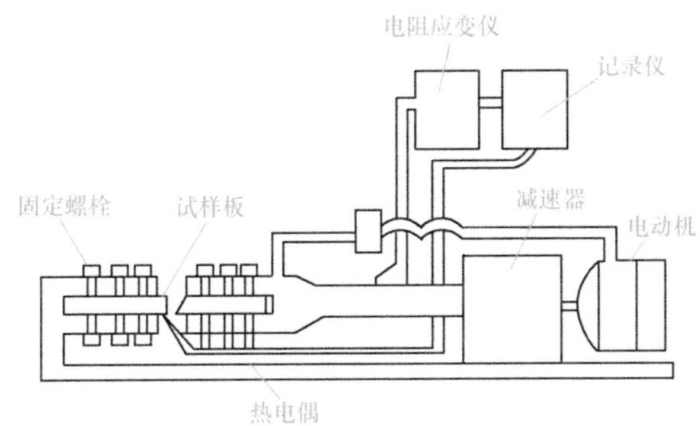

图1-31　TRC试验机的简图

TRC试验的基本原理是采用恒定载荷来模拟焊接接头所承受的平均拘束应力。当试件焊接之后，冷却到某一温度（一般低合金钢为150~ 100℃）时施加一拉伸载荷，并保持恒载，一般保持24h，如果不裂，则增加试验过程中的恒载，直至产生裂纹或断裂，记录起裂或断裂时间，对应一定时间产生裂纹或断裂的应力，即为对应该起裂或断裂时间的临界应力。

TRC试验与插销试验一样，可以定量地分析被焊钢材产生冷裂纹的各种因素，如化学成分、焊缝含氢量、拘束应力、预热、后热及焊接参数等，可以测定出相应条件下产生焊接冷裂纹的临界应力。

（2）压板对接（FISCO）焊接裂纹试验　该试验方法适用于低碳钢焊条、低合金高强度钢焊条和不锈钢焊条的焊缝热裂纹试验。试验装置如图1-32所示，由C形拘束框架、齿形底座及紧固螺栓等组成。试件由两块200mm × 120mm的钢板组成，坡口形状为I形，将试件安装在装置内。在试件上顺序焊接四条长约40mm的试验焊缝，焊缝间距为10mm，焊接弧坑不填满。焊后约10min后从装置中取出试件，待试件冷却至室温后将焊缝沿轴向弯断，观察断面有无裂纹并测量裂纹长度。

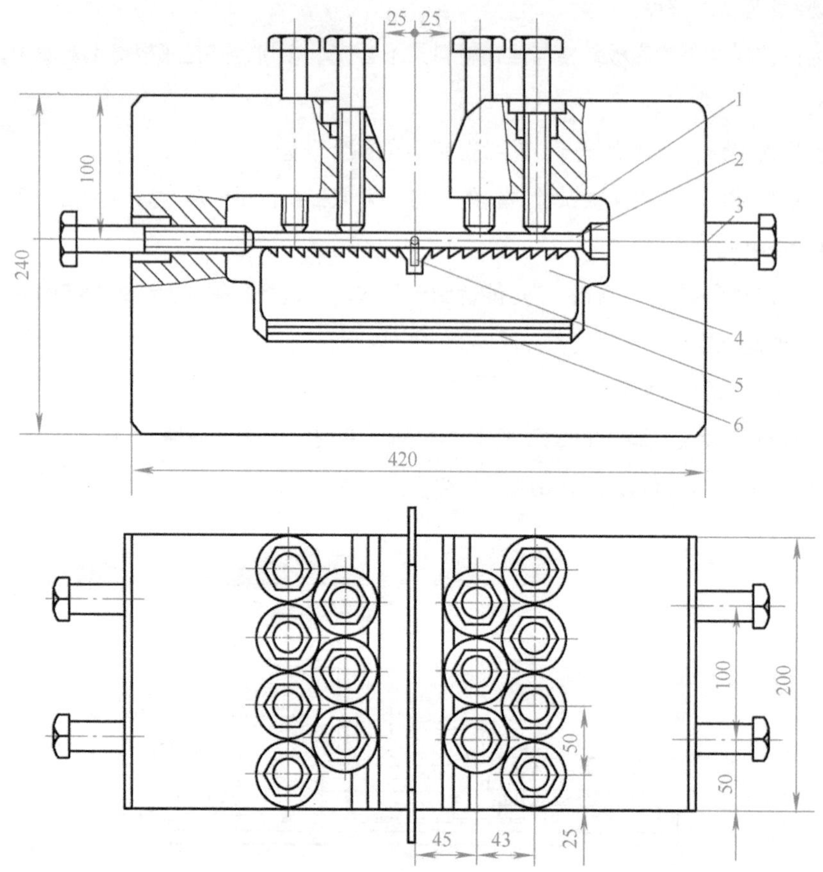

图1-32　压板对接焊接裂纹试验装置

1—C形拘束框架　2—试件　3—紧固螺栓　4—齿形底座　5—定位塞　6—调节板

（3）刚性固定对接裂纹试验　该试验方法既可用于测定焊缝金属热裂纹、冷裂纹敏感性，又可用于测定焊接热影响区的冷裂纹敏感性。该方法是由苏联巴东电焊研究所提出的，所以又称为巴东拘束对接裂纹试验。刚性固定对接裂纹试验试件尺寸和形状如图1-33所示。试件在厚度不小于50mm的钢板（底板）上以角焊缝形式将四周焊牢。当试件板厚$\delta \leqslant 12$mm 时，焊脚尺寸$K=\delta$；当试件板厚$\delta > 12$mm时，焊脚尺寸$K=12$mm。坡口需机械加工而成。

该试验所产生的拘束度比较大。试验时，可按实际生产采用的焊接参数焊接试验焊缝。试件焊后在室温放置24h，首先检查焊缝表面，然后垂直于试验焊缝横向切两块磨片，检查有无裂纹。评定标准以试验结果有无裂纹为依据，每种焊接条件下需焊接两块试件。

（4）插销式再热裂纹试验　插销式再热裂纹试验是用外加载荷的方法，使焊接热影响区粗晶部位在再热处理过程中由于应力松弛产生蠕变变形，该蠕变变形超过焊接热影响区粗晶部位所具有的塑性变形时，便产生再热裂纹。

插销式再热裂纹试验的试件形状、尺寸以及试验装置都与冷裂纹插销试验相同，只是底板由长方形改为圆形，以便放在圆形电炉内再次加热。

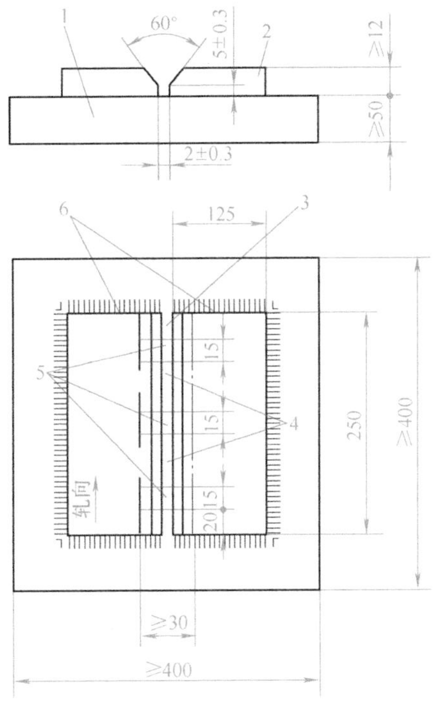

图1-33　刚性固定对接裂纹试验试件尺寸和形状

1—底板　2—试板　3—试验焊缝　4—底切　5—横切　6—拘束焊缝

试验时所施加的载荷可按式（1-7）计算，即

$$\sigma_0=0.8R_{eL}\frac{E_t}{E} \tag{1-7}$$

式中　σ_0——温度t时所加的初始应力（MPa）；

R_{eL}——室温下插销的下屈服强度（MPa）；

E_t——温度t时的弹性模量（MPa）；

E——室温时的弹性模量（MPa）。

试验时先将插销装在底板上，底板的材质原则上与插销相同，焊条与被试钢材相匹配，400℃烘干2h，焊条直径为4mm时，焊接电流为160~180A，电弧电压为22~24V，焊接速度为150mm/min。为保证插销缺口部位不产生冷裂纹，焊前进行适当预热，焊后在室温下放置24h，经检验无裂纹后，再进行再热裂纹试验。

试验时，先将焊在底板上的插销安装在试验机的水冷夹头上，处于无载状态，然后接通电炉电源，加热至再热处理温度（500~700℃），保温一段时间使温度均匀，然后按计算载荷加载，当达到σ_0后立即停止增加载荷。在保温恒载的过程中，由于蠕变的发展，施加在插销上的初始应力σ_0将逐渐下降，直至最后断裂。根据大量试验，在再热处理温度下，保持载荷120min以上而不发生断裂则认为该钢材没有再热裂纹倾向。

（5）Z向拉伸试验　Z向拉伸试验是根据钢板厚度方向的断面收缩率来测定钢材的层状撕裂倾向。当钢材的断面收缩率ψ=5%~8% 时，层状撕裂倾向严重，只能用于Z向应力很小的结构；

而ψ=15%~25%时，钢材则具有较高的抗层状撕裂能力。Z向拉伸试验试件的制备及尺寸如图1−34所示。一般来说，常常由于钢板的厚度不足，难于制作拉伸试件。因此，当被试钢板厚度$\delta \geq$25mm时，钢板的两侧可采用焊条电弧焊接长；当被试钢板厚度$\delta \geq$15mm时，可采用摩擦焊接长。

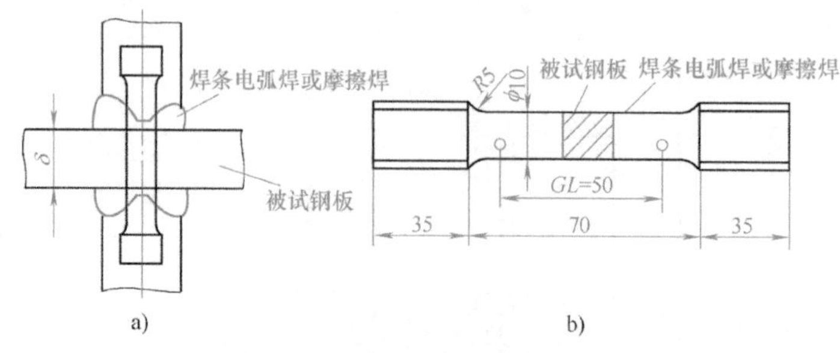

图1−34　Z向拉伸试验试件的制备及尺寸

a）试件的制备　b）试件的尺寸

同常规拉伸试验一样对试件进行静拉伸试验，得出Z向断面收缩率ψ（%）作为层状撕裂的评价指标。

（六）空气储罐筒体对接焊缝的焊接性分析

储罐筒体的材料为Q235B，其化学成分见表1−11。根据美国焊接学会（AWS）推荐的碳当量估算公式，计算Q235B的碳当量为0.2%~0.3%。由图1−21可知，Q235B的焊接性优良，淬硬倾向不明显，焊前一般不需预热，焊后不需热处理。

表 1−11　低碳钢 Q235B 的化学成分

牌号	化学成分(质量分数,%)						
	C	Mn	Si	Cr	Ni	P	S
Q235B	0.12~0.20	≤1.4	≤0.35	—	—	≤0.045	≤0.045

低碳钢Q235B焊接性优良，主要表现如下。

1）由于含碳及其他合金元素少，钢的塑性好，而且淬硬倾向小，是焊接性最好的金属材料，几乎所有的焊接方法都可以采用。

2）一般情况下，在焊接过程中不需要采取预热和焊后热处理的工艺措施。

3）可以满足焊条电弧焊各种不同空间位置的焊接，且焊接工艺和操作技术比较简单，容易掌握。

4）不需要选用特殊和复杂的设备，对焊接电源无特殊要求，一般交、直流弧焊机都可焊接。

但焊接低碳钢时，如焊条直径或焊接参数选择不当，也可能出现热影响区晶粒长大或时效硬化倾向。焊接温度越高，热影响区在高温停留时间越长，晶粒长大越严重。

低碳钢的焊接一般不会遇到什么特殊困难，焊前不必预热，焊后一般也不需要进行热处理（除电渣焊外）。但是当环境温度较低（≤0℃）、焊件较厚或刚性很大，同时对焊接接头性能要求又较高时，则要进行焊后热处理，一方面是为了消除焊接应力，另一方面是为了改善局部组织及平衡接头各部位的性能。例如低碳钢的板厚，在30mm以上时仍要进行600~640℃的焊后热处理。低碳钢结构在各种温度下的预热温度见表1-12。

表 1-12　低碳钢结构在各种温度下的预热温度

板厚/mm	管道、容器结构	板厚/mm	梁、柱、桁架结构
≤16	温度不低于-30℃时，不预热；低于-30℃时，预热至100~150℃	≤30	温度不低于-30℃时，不预热；低于-30℃时，预热至100~150℃
17~30	温度不低于-20℃时，不预热；低于-20℃时，预热至100~150℃	31~50	温度不低于-10℃时，不预热；低于-10℃时，预热至100~150℃
31~40	温度不低于-10℃时，不预热；低于-10℃时，预热至100~150℃	51~70	温度不低于0℃时，不预热；低于0℃时，预热至100~150℃
41~50	温度不低于0℃时，不预热；低于0℃时，预热至100~150℃		

三、空气储罐筒体焊接工艺要点

（一）焊接方法和焊接材料的选择

低碳钢几乎可采用所有的焊接方法进行焊接，并都能保证焊接接头质量良好，应用广泛的焊接方法是焊条电弧焊、埋弧焊、二氧化碳气体保护焊、氩弧焊、电渣焊等。

1. 焊条电弧焊

低碳钢焊接广泛采用焊条电弧焊。焊条的选择是根据低碳钢的强度等级，选用相应强度等级的结构钢焊条，并考虑结构的工作条件，选用酸性或碱性焊条。酸性焊条能交直流两用，焊接工艺性能较好，但焊缝的力学性能，特别是冲击韧度较差，适用于一般低碳钢和强度较低的低合金结构钢的焊接，是应用最广的焊条。碱性焊条脱硫、脱磷能力强，药皮有去氢作用，焊接接头含氢量很低，故又称为低氢型焊条；焊缝具有良好的抗裂性和力学性能，但工艺性能较差，一般采用直流电源施焊，主要用于重要结构（如锅炉、压力容器和合金结构钢等）的焊接。常用低碳钢焊接的焊条选择见表1-13。

表 1-13　常用低碳钢焊接的焊条选择

牌　号	选用的焊条型号		施焊条件
	一般结构（包括厚度不大的低压容器）	受动载荷，厚板结构，中、高压及低温容器	
Q235	E4319、E4303、E4313	E4316、E4315（或E5016、E5015）	一般不预热
10、15、15G	E4303、E4319	E4316、E4315（或E5016、E5015）	一般不预热
20、20R、20G	E4310、E4320		

2. 埋弧焊

埋弧焊焊接Q235、15、20、20G钢时，可采用H08A、H08MnA等焊丝和焊剂HJ431或焊剂HJ430。焊接时，要特别注意焊剂的烘干及坡口的清理，否则，易产生气孔。

3. 二氧化碳气体保护焊

二氧化碳气体保护焊焊丝可采用H08MnSi、H08MnSiA或H08Mn2SiA等，而H08Mn2SiA应用最广。

4. 氩弧焊

一般常用于重要结构的薄板焊接或不能双面焊接时的单面焊双面成形工艺的打底焊，常用焊丝有H10MnSi、H10Mn2、H08Mn2SiA等。

5. 电渣焊

电渣焊焊丝为H10MnSiA、H10Mn2A、H10Mn2MoA等及焊剂HJ360。

（二）常用焊接材料的化学成分和力学性能

常用焊条的化学成分和力学性能见表1-14。J427（型号E4315）属于低氢钠型碱性药皮焊条，采用直流反接，可全位置焊，具有良好的塑性、韧性及抗裂性能。

J422（型号E4303）属于钛钙型药皮的碳素钢焊条，可交、直流两用，可全位置焊，焊接工艺性能好，电弧稳定，焊道美观且飞溅小。

表 1-14 常用焊条的化学成分和力学性能

焊条	化学成分(质量分数,%)			力学性能			
	C	Mn	Si	R_m/MPa	R_{eL}/MPa	A(%)	KV/J
J427 (E4315)	≤0.12	≤1.60	≤0.75	≥430	≥330	≥20	≥27(-30℃)
J422 (E4303)	≤0.12	0.30~0.60	≤0.25	≥430	≥330	≥20	≥27(0℃)

常用焊丝的化学成分和力学性能见表1-15。

表 1-15 常用焊丝的化学成分和力学性能

焊丝	化学成分(质量分数,%)						
	C	Mn	Si	Cr	Ni	P	S
H08A	≤0.10	0.30~0.60	≤0.03	≤0.20	≤0.30	≤0.03	≤0.03
H08MnA	≤0.10	0.8~1.10	≤0.07	≤0.20	≤0.30	≤0.03	≤0.03

焊丝	力学性能			
	R_m/MPa	屈服强度/MPa	断后伸长率(%)	冲击吸收能量/J
H08A	415~550	≥330	≥22	≥27(0℃)
H08MnA				

常用焊剂的化学成分见表1-16。

表 1-16　常用焊剂的化学成分（质量分数，%）

焊　剂	SiO_2	CaF_2	CaO	MgO	Al_2O_3	MnO
HJ431	40~44	3~7	≤8	5~8	≤6	32~38
HJ430	38~45	5~9	≤6	—	≤5	38~47

低碳钢焊接时，选择焊接材料应遵循等强匹配的原则，也就是根据母材强度等级及工作条件来选择焊接材料。

（三）焊接坡口的选择

根据焊接方法和结构，一般按国家标准GB/T 985.1—2008《气焊、焊条电弧焊、气体保护焊和高能束焊的推荐坡口》、GB/T 985.2—2008《埋弧焊的推荐坡口》、图样的技术要求和相关标准及下面四点原则来选择焊接坡口。

1）是否能保证焊件焊透。

2）坡口的形状是否容易加工。

3）尽可能地提高生产率，节省填充金属。

4）焊件焊后变形要尽可能小。

（四）焊接材料消耗量计算

焊接材料的消耗定额包括焊条消耗定额、焊丝消耗定额、焊剂消耗定额、保护气体消耗定额等。

1. 焊条消耗定额计算

焊条消耗定额计算应考虑药皮的重量系数，因烧损、飞溅及未利用的焊条头等损失。焊条消耗定额g（g）的计算式为

$$g=\frac{AL\rho}{1000K_n}(1+K_b)$$

式中　A——熔敷金属横截面面积（mm^2）；

L——焊缝长度（m）；

ρ——熔敷金属密度（g/cm^3）；

K_n——金属由焊条到焊缝的转熔系数，包括因烧损、飞溅及未利用的焊条头等损失在内，对于常用的E5015焊条可取K_n=0.78；

K_b——药皮的质量分数，对于常用的E5015焊条，可取K_b=0.32；对于E4303焊条，可取K_b=0.45。

其中A的计算如下。

1）不开坡口单面焊：　　$A=Sa+2bc/3$

式中　S——板厚；

a——板对接间隙；

b——焊缝宽度；

c——焊缝高度。

2）不开坡口双面焊：　$A=Sa+4bc/3$

3）开单边V形坡口单面焊：　$A=Sa+[(S-p)^2\tan\alpha]/2+2bc/3$

式中　p——钝边厚度；

α——坡口角度。

4）开V形坡口单面焊：　$A=Sa+(S-p)^2\tan(\alpha/2)+2bc/3$

5）保留钢垫板V形坡口单面焊：　$A=Sa+S^2\tan(\alpha/2)+2bc/3$

2. 焊丝消耗定额计算

$$g'=\frac{AL\rho}{1000K_n}$$

式中　g'——焊丝消耗定额（kg）；

A——熔敷金属横截面面积（mm^2）；

L——焊缝长度（m）；

ρ——熔敷金属密度（g/cm^3）；

K_n——金属由焊丝到焊缝的转熔系数，包括因烧损、飞溅等损失在内；通常埋弧焊取0.95，手工钨极氩弧焊取0.85，熔化极气体保护焊取0.85~0.90。

3. 焊剂消耗定额计算

常用实测法得到单位长度焊缝焊剂的消耗量，然后由焊缝的总长度计算总焊剂的消耗量。在概略计算中，焊剂的消耗量可定为焊丝消耗量的0.8~1.2倍。

4. 保护气体消耗定额计算

$$V=Q(1+\eta)\ t_{基}n$$

式中　V——保护气体体积（L）；

Q——保护气体流量（L/min）；

$t_{基}$——单位焊接基本时间（min）；

η——气体损耗系数，常取0.03~0.05；

n——每年或每月焊件数量。

四、编制空气储罐筒体的焊接工艺

根据焊接技术员的分组，每个小组讨论可以选择的焊接方法，并根据虚拟车间现有的常用焊接设备，每位技术员编制一种焊接方法的焊接工艺。技术员一定要认真分析空气储罐筒体的特点，根据相关法规和标准的要求，按照表1-17中的格式编制焊接工艺卡，可以适当修改、增加或取消部分内容，但尽量要符合生产的需要。

课内小组交流、讨论并修改焊接工艺。

表 1-17　空气储罐筒体的焊接工艺卡

坡口形式及尺寸简图:	焊缝层次分布图:
焊接方法:	焊机型号: 电流种类和极性:
母材牌号: 规格: 尺寸:	焊接材料型号(牌号): 焊接材料直径: 焊接材料烘干温度: 保温时间:
组对间隙:	反变形角度: 焊接手法和操作要点:

焊接参数				
层次(道数)	焊条直径/mm	焊接电流/A	电弧电压/V	焊接速度/cm · min^{-1}
焊条与焊接方向夹角				

焊缝尺寸要求/mm				
	焊 缝 宽 度	余 高	余 高 差	焊缝宽度差
正面				
背面				

五、按照工艺焊接试件

(一) 焊前准备

(1) 材料准备　准备符合国家标准的Q235B钢板、按照焊接工艺卡选择焊接材料，并按照要求清理、烘干保温等。

(2) 用具准备　准备手套、面罩、锤子、錾子、尖嘴钳、三角铁、锉刀、钢丝刷、记录笔和纸、计时器等。

(3) 设备准备　根据选择的焊接方法选择焊接设备、切割机、台虎钳等。

(4) 测量工具准备　准备坡口角度尺、焊缝测量尺等。

(5) 板材定位焊

1) 坡口表面要求。坡口表面不得有裂纹、分层、夹杂等缺陷。

2）施焊前，应清除坡口及母材两侧20mm范围内的氧化物、油污、焊渣及其他有害杂质。

3）板材定位错边量应符合相应规定。

4）适当增加定位焊的截面和长度。定位焊时要加大焊接电流，降低焊接速度，必要时还要预热。

（二）焊接操作

焊接时严格按照编制的焊接工艺卡进行焊接，对焊前、焊接过程及焊后质量进行外观检查，并且做好详细的焊接记录，见表1–18。焊接记录表可修改、增加或取消部分内容。

表 1–18　空气储罐筒体的焊接记录表

<table>
<tr><td>任务号</td><td></td><td>母材材质</td><td></td><td>规 格</td><td></td></tr>
<tr><td rowspan="12">焊接记录</td><td></td><td>第　层(道)</td><td>第　层(道)</td><td>第　层(道)</td><td>第　层(道)</td></tr>
<tr><td>焊接材料</td><td></td><td></td><td></td><td></td></tr>
<tr><td>焊接材料规格</td><td></td><td></td><td></td><td></td></tr>
<tr><td>焊接位置</td><td></td><td></td><td></td><td></td></tr>
<tr><td>焊机型号</td><td></td><td></td><td></td><td></td></tr>
<tr><td>电源极性</td><td></td><td></td><td></td><td></td></tr>
<tr><td>焊接电流/A</td><td></td><td></td><td></td><td></td></tr>
<tr><td>电弧电压/V</td><td></td><td></td><td></td><td></td></tr>
<tr><td>焊接速度/cm · min^{-1}</td><td></td><td></td><td></td><td></td></tr>
<tr><td>钨棒直径/mm</td><td></td><td></td><td></td><td></td></tr>
<tr><td>焊丝伸出长度/mm</td><td></td><td></td><td></td><td></td></tr>
<tr><td>气体流量/L · min^{-1}</td><td></td><td></td><td></td><td></td></tr>
<tr><td colspan="5">焊前坡口检查</td><td rowspan="9"></td></tr>
<tr><td>角度/(°)</td><td>钝边/mm</td><td>间隙/mm</td><td>宽度/mm</td><td>错边/mm</td></tr>
<tr><td></td><td></td><td></td><td></td><td></td></tr>
<tr><td colspan="2">温度:</td><td colspan="3">湿度:</td></tr>
<tr><td colspan="5">焊 后 检 查/mm</td></tr>
<tr><td rowspan="2">正面</td><td>宽度</td><td>焊脚尺寸</td><td colspan="2">余高</td></tr>
<tr><td></td><td></td><td colspan="2"></td></tr>
<tr><td rowspan="2">反面</td><td>宽度</td><td>余高</td><td colspan="2"></td></tr>
<tr><td></td><td></td><td colspan="2"></td></tr>
<tr><td rowspan="2">咬边</td><td>深度</td><td colspan="3">正面:　反面:</td><td>焊工姓名、日期:</td></tr>
<tr><td>长度</td><td colspan="3">正面:　反面:</td><td>检验员姓名、日期:</td></tr>
</table>

六、分析焊接质量并完善焊接工艺

（一）常见焊接缺陷分析

1）碳的质量分数接近上限（0.21%~0.25%），含硫量过高，焊接时可能出现裂纹，尤其是遇到下列情况：角焊缝、对接多层焊第一道焊缝、整个板面单面单层焊缝和大间隙对接第一道焊缝。

2）热输入大，会使焊接热影响区的过热区出现粗晶组织，使热影响区韧性降低。电渣焊的热输入比埋弧焊还要大，热影响区晶粒更加粗大，韧性降低更为明显，所以低碳钢电渣焊接头焊后通常要经正火处理，细化晶粒，以提高韧性。

（二）完善焊接工艺

根据焊接操作过程、焊接参数选用特点和焊后焊接质量的外观检查，小组讨论、交流，完善焊接工艺。

复习思考题

一、选择题

1. 使用焊接性不包括（　）。

A. 常规力学性能　B. 低温韧性　C. 耐蚀性　D. 抗裂性

2. 金属焊接性的间接判断法不包括（　）。

A. 抗裂试验　B. 碳当量法

C. 裂纹敏感指数法　D. 连续冷却组织转变曲线法

3. 金属焊接性的直接试验不包括（　）。

A. 抗裂试验　B. 碳当量法　C. 抗气孔试验　D. 热应变时效试验

4. 碳当量（　）时，钢的淬硬倾向不大，焊接性优良。

A. 小于0.40%　B. 小于0.50%　C. 小于0.60%　D. 小于0.80%

5.（　）不是影响焊接性的因素。

A. 金属材料的种类及其化学成分　B. 焊接方法

C. 构件类型　D. 焊接操作技术

6. 对于低合金钢，一般表面裂纹率不超过（　），可以认为是安全的。

A. 10%　B. 15%　C. 20%　D. 25%

7. 低碳钢Q235钢板对接焊时，焊条应选用（　）。

A. E7015　B. E4303　C. E5515　D. E6015

8. 根据脱氧方式不同，碳素钢可分为镇静钢、（　）和特殊镇静钢。

A. 低合金钢　B. 低温钢　C. 低碳钢　D. 沸腾钢

9. 碳当量可以用来评定材料的（　）。

A. 耐蚀性　B. 焊接性　C. 硬度　D. 塑性

10. 钢材的碳当量越大，则其（　）敏感性也越大。

A. 热裂　B. 冷裂　C. 抗气孔　D. 层状撕裂

11. 国际焊接学会推荐的碳当量计算公式适用于（　）。

A. 一切钢材　B. 奥氏体不锈钢

C. 500～600MPa的非调质高强度钢　　D. 硬质合金

12. 焊接接头热影响区的最高硬度可用来判断钢材的（　）。

A. 焊接性　　B. 耐蚀性　　C. 抗气孔性　　D. 应变时效

13. 斜Y形坡口焊接裂纹试验用焊条直径是（　）。

A. 2. 5mm　　B. 3. 2mm　　C. 4. 0mm　　D. 5. 0mm

14. 斜Y形坡口焊接裂纹试验焊完的试件，应（　）进行裂纹的解剖和检测。

A. 立即　　B. 28h以后　　C. 48h以后　　D. 几天以后

15. 插销试验属于（　）试验方法。

A. 冷裂纹　　B. 热裂纹　　C. 应力腐蚀裂纹　　D. 层状撕裂

16. 斜Y形坡口对接裂纹试验适用于焊接接头的（　）抗裂性能试验。

A. 热裂纹　　B. 冷裂纹　　C. 弧坑裂纹　　D. 层状撕裂

17. 斜Y形坡口对接裂纹试验方法的试件两端开（　）坡口。

A. X形　　B. U形　　C. V形　　D. 斜Y形

18. 斜Y形坡口对接裂纹试验方法的试件中间开（　）坡口。

A. X形　　B. U形　　C. V形　　D. 斜Y形

19. 低碳钢焊接时，其焊接性（　）。

A. 一般　　B. 不好　　C. 优良　　D. 良好

20. 用钨极氩弧焊焊接低碳钢时，应采用（　）。

A. 交流焊机　　B. 直流反接　　C. 直流正接　　D. 无要求

21. 低碳钢焊接材料的选择原则（　）。

A. 同化学成分　　B. 同屈服强度　　C. 同抗拉强度　　D. 同化学性能

22. 采用E4315（J427）焊条焊接Q235B，选择的电源类型是（　）。

A. 交流电源　　B. 直流反接　　C. 直流正接　　D. 无要求

二、填空题

1. 焊接性是说明材料对______加工的适应性，是指材料在一定的______条件下（包括焊接方法、焊接材料、焊接参数和结构形式等），能否获得______焊接接头的难易程度和该焊接接头能否在______条件下可靠运行。

2. 按具体内容，焊接性可分为______焊接性和______焊接性。

3. 工艺焊接性是指在一定焊接工艺条件下，能否获得______、______焊接接头的能力。

4. 使用焊接性是指焊接接头或整体结构满足技术条件所规定的各种______的程度。

5. 评价焊接性的方法可以归纳为______和______。

6. 碳当量越高，钢材淬硬倾向______，热影响区冷裂纹倾向______。

7. 斜Y形坡口焊接裂纹试验是一种检验______倾向的试验方法，又称为______试验法。

三、分析题

图1-35所示焊件的焊缝布置是否合理？若不合理，请加以改正。

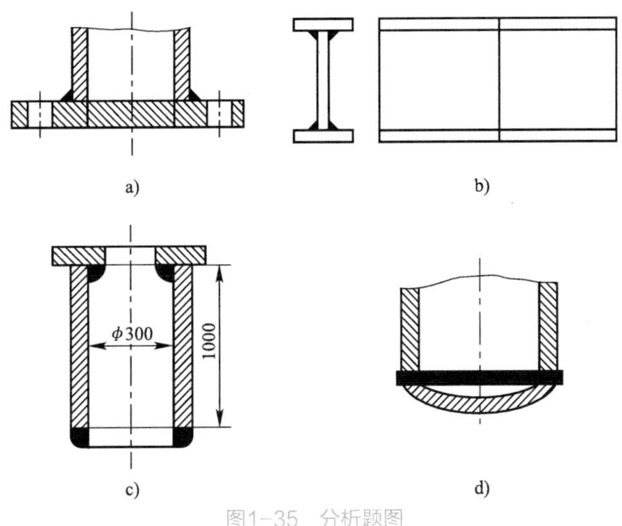

图1-35　分析题图

任务三　接管与空气储罐筒体焊接工艺编制及焊接

任务解析

通过分析低碳钢的焊接性、同类型不同牌号金属材料（20钢与Q235B）焊接的焊接性，确定所采用的焊接方法、焊接材料，编制接管与空气储罐筒体焊接工艺并实施，掌握异种钢的焊接要点。

必备知识

一、接管与空气储罐筒体焊接结构

接管与空气储罐筒体的焊接接头是典型的角接接头，要求全焊透，接管焊接结构Ⅰ的结构如图1-36所示。

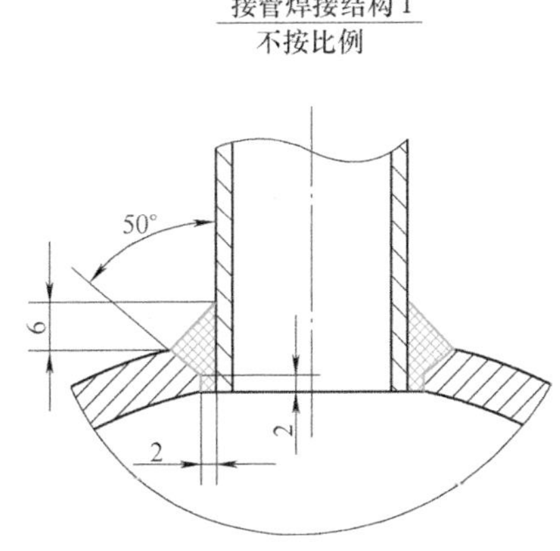

图1-36　接管与空气储罐筒体焊接结构图

二、接管与空气储罐筒体的焊接性分析

空气储罐接管的材质是20钢，筒体的材质是Q235B，其化学成分和力学性能见表1-19。

表 1-19　Q235B 和 20 钢的化学成分和力学性能

牌号	化学成分(质量分数,%)						
	C	Mn	Si	Cr	Ni	P	S
Q235B	0.12~0.20	≤1.4	≤0.35	—	—	≤0.045	≤0.045
20	0.17~0.23	0.35~0.65	0.17~0.37	≤0.25	≤0.30	≤0.035	≤0.035

牌号	力学性能			
	屈服强度/MPa	抗拉强度/MPa	伸长率(%)	冲击吸收能量/J
Q235B	≥235	370~500	≥26	≥27(常温)
20	≥245	≥410	≥25	≥27(常温)

从表1-19可以看出，Q235B和20钢虽然金属材料的牌号不一样，但它们的化学成分和力学性能都比较相似，都属于低碳钢，且20钢是优质碳素结构钢，它们的焊接性都较好，一般不需预热和焊后热处理。

筒体与接管焊接结构Ⅰ的焊接接头坡口如图1-37所示，是典型的角接接头，必须全焊透。所以编制的焊接工艺必须保证焊缝全焊透。

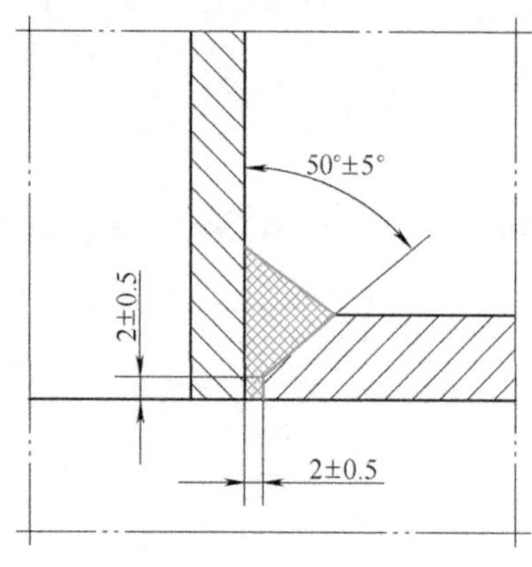

图1-37　筒体与接管的焊接接头坡口

三、接管与空气储罐筒体的焊接工艺要点

选用焊接材料时，保证等强度原则。低碳钢焊接时，主要保证接头的常温力学性能。焊接接头的强度、塑性和冲击韧度都不能低于两种被焊钢材中的最低值。焊接材料可以按照任务二来选择。

四、编制接管与空气储罐筒体的焊接工艺

根据焊接技术员的分组，每个小组讨论可以选择的焊接方法，并根据虚拟车间现有的常用焊接设备，每位技术员编制一种焊接方法的焊接工艺。技术员一定要认真分析接管与空气储罐筒体的特点，根据相关法规和标准的要求，按照表1-20中的格式编制焊接工艺卡可以适当修改、增加或取消部分内容，但尽量要符合生产的需要。

课内小组交流、讨论并修改焊接工艺。

表 1-20　接管与空气储罐筒体的焊接工艺卡

<table>
<tr><td colspan="3">坡口形式及尺寸简图:</td><td colspan="3">焊缝层次分布图:</td></tr>
<tr><td colspan="3">焊接方法:</td><td colspan="3">焊机型号:
电流种类和极性:</td></tr>
<tr><td colspan="3">母材牌号:
规格:
尺寸:</td><td colspan="3">焊接材料型号(牌号):
焊接材料直径:
焊接材料烘干温度:
保温时间:</td></tr>
<tr><td colspan="3">组对间隙:</td><td colspan="3">反变形角度:
焊接手法和操作要点:</td></tr>
<tr><td colspan="6">焊接参数</td></tr>
<tr><td>层次(道数)</td><td colspan="2">焊条直径/mm</td><td>焊接电流/A</td><td>电弧电压/V</td><td>焊接速度/cm · min⁻¹</td></tr>
<tr><td></td><td colspan="2"></td><td></td><td></td><td></td></tr>
<tr><td></td><td colspan="2"></td><td></td><td></td><td></td></tr>
<tr><td></td><td colspan="2"></td><td></td><td></td><td></td></tr>
<tr><td>焊条与焊接方向夹角</td><td colspan="5"></td></tr>
<tr><td colspan="6">焊缝尺寸要求</td></tr>
<tr><td colspan="2">正面</td><td colspan="2">焊脚尺寸/mm</td><td colspan="2"></td></tr>
<tr><td colspan="2">背面</td><td colspan="2">是否焊透</td><td colspan="2"></td></tr>
</table>

五、按照工艺焊接试件

（一）焊前准备

（1）材料准备　准备符合国家标准的20钢管、Q235B钢板，按照焊接工艺卡选择焊接材料，并按照要求清理、烘干保温等。

20+Q235B 低碳钢管板垂直固定焊条电弧焊平焊

（2）用具准备　准备手套、面罩、榔头、錾子、尖嘴钳、三角铁、锉刀、钢刷、记录笔和纸、计时器等。

（3）设备准备　根据选择的焊接方法选择焊接设备、切割机、台虎钳等。

（4）测量工具准备　准备坡口角度尺、焊缝测量尺等。

（5）定位焊

1）坡口表面要求。坡口表面不得有裂纹、分层、夹杂等缺陷。

2）施焊前，应清除坡口及母材两侧20mm范围内的氧化物、油污、焊渣及其他有害杂质。

3）定位错边量应符合相应规定。

4）适当增加定位焊的截面和长度。定位焊时要加大焊接电流，降低焊接速度，必要时还要预热。

（二）焊接操作

焊接时严格按照编制的焊接工艺卡进行焊接，对焊前、焊接过程及焊后质量进行外观检查，并且做好详细的焊接记录，见表1-21焊接记录表可修改、增加或取消少部分内容。

表 1-21　接管与空气储罐筒体的焊接记录表

任务号		母材材质		规格	
焊接记录		第　层(道)	第　层(道)	第　层(道)	第　层(道)
	焊接材料				
	焊接材料规格				
	焊接位置				
	焊机型号				
	电源极性				
	焊接电流/A				
	电弧电压/V				
	焊接速度/cm · min^{-1}				
	钨棒直径				
	伸出长度/mm				
	气体流量/L · min^{-1}				

焊前坡口检查				
角度/(°)	钝边/mm	间隙/mm	宽度/mm	错边/mm
温度:		湿度:		

焊 后 检 查/mm				
正面	宽度	焊脚尺寸	余高	
反面	宽度	余高		
咬边	深度	正面:	反面:	焊工姓名、日期:
	长度	正面:	反面:	检验员姓名、日期:

六、分析焊接质量并完善焊接工艺

（一）常见焊接缺陷分析

1. 焊脚尺寸不符合要求（图1-38）

产生此焊接缺陷的主要原因如下。

1）焊件坡口尺寸不正确或装配不合适。

2）焊接参数选择不正确。

3）运条方法或焊条或焊丝角度不正确。

2. 未焊透（图1–39）

产生此焊接缺陷的主要原因如下。

1）焊缝坡口钝边过大，坡口角度太小，焊根未清理干净，间隙太小。

2）焊条或焊丝角度不正确，焊接电流过小，焊接速度过快，弧长过大。

3）焊接时有磁偏吹现象。

4）焊接电流过大，母材金属尚未充分加热时，焊条已急剧熔化。

5）层间或母材边缘的铁锈、氧化皮及油污等未清除干净，焊接位置不正确，焊接可达性不好等。

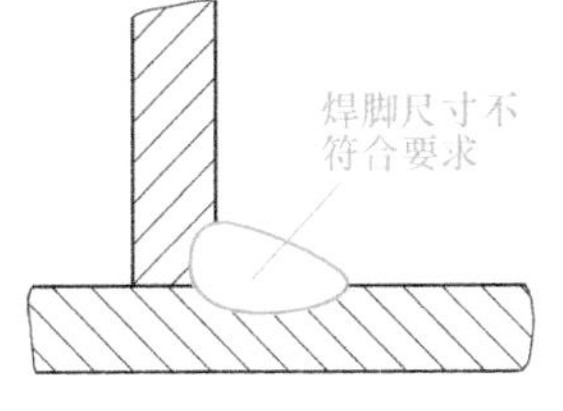

图1–38　焊脚尺寸不符合要求

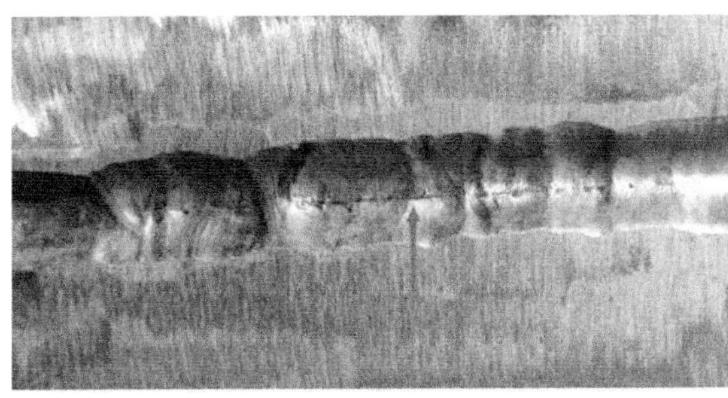

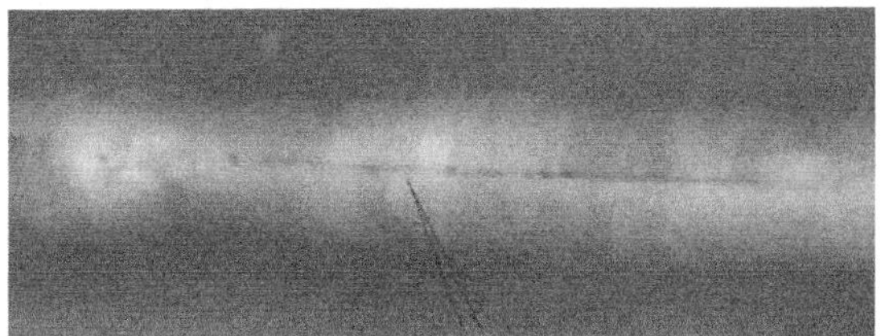

图1–39　未焊透

3. 咬边（图1–40）

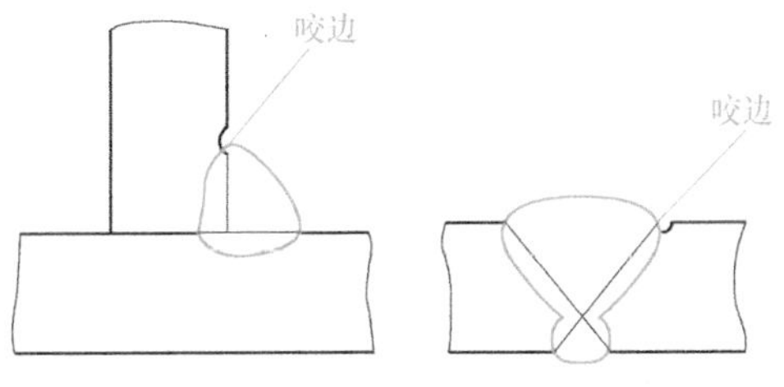

图1–40　咬边

产生此焊接缺陷的主要原因如下。

1）焊接电流太大。

2）焊接速度或运条方法不正确，尤其在立、横、仰焊操作时，焊条角度不正确或电弧太长。

（二）完善焊接工艺

根据焊接操作过程、焊接参数选用特点和焊后焊接质量的外观检查，小组讨论、交流，完善焊接工艺。

（三）任务完成总结

1）评价焊接技术员本次任务的表现。

2）评价低碳钢焊接性。

3）评价焊接工艺。

4）评价各组试件的焊接质量。

复习思考题

一、选择题

1. 碱性焊条应采用（　）。

A. 交流正接　B. 直流正接　C. 交流反接　D. 直流反接

2. 以下不是插销试验特点的是（　）。

A. 底板可重复使用，试验材料损耗小　B. 可从被试验材料的任意方向取样

C. 数据集中，再现性好　D. 方便得到不同冷却速度

3. 碳的质量分数小于（　）的钢，不易淬火形成马氏体。

A. 0.8%　B. 0.6%　C. 0.4%　D. 0.25%

4. 焊条型号E4315是碳钢焊条完整的表示方法，其中第三位和第四位阿拉伯数字表示焊条的（　）。

A. 药皮类型　B. 电流种类　C. 焊接位置　D. 化学成分代号

5. 钢材在拉伸试验时所能承受的最大应力值称为（　），通常R_m表示。

A. 屈服强度　B. 抗拉强度　C. 冲击韧性

6. 平均含碳量小于或等于0. 25%（质量分数）的钢属于（　）。

A. 高碳钢　B. 中碳钢　C. 低碳钢　D. 低合金钢

7. 20钢中的“20”表示（　）平均含量为0. 20%。

A. 锰　B. 碳　C. 硅　D. 铁

8. 焊条型号E4303是碳钢焊条完整的表示方法，其中“43”表示焊条的（　）。

A. 屈服强度最小值是430MPa　B. 抗拉强度最小值是430MPa

C. 屈服强度最大值是430MPa　D. 抗拉强度最大值是430MPa

二、填空题

1. 低碳钢焊接时选择焊接材料应遵循________原则。

2. 一般低碳钢和强度较低的低合金结构钢焊接时，应选用______性焊条。

3. 当环境温度较低（≤0℃）、焊件较厚或刚性很大，同时对接头性能要求又较高时，则要进行焊后热处理，其目的是______、______。

4. 斜Y形坡口焊接裂纹试验主要用于评价______和______钢焊接热影响区的______敏感性。

5. 斜Y形坡口焊接裂纹试验一般以裂纹率作为评定指标，包括______、______和______。

项目二

反应釜焊接工艺编制及焊接

项目导入

以项目一作为基础、以反应釜作为载体，设计了反应釜图样识读、夹套筒体焊接工艺编制及焊接、内筒体焊接工艺编制及焊接、法兰环焊接工艺编制及焊接、接管与夹套筒体焊接工艺编制及焊接、内筒体与夹套筒体焊接工艺编制及焊接六个教学任务。通过本核心项目的实施，使学生能分析碳素钢、低合金钢、不锈钢以及耐热钢的焊接性及编制焊接工艺；树立守法意识和质量意识；养成良好的职业道德和职业素养；锻炼自主学习、与人合作、与人交流的能力。

学习目标

1. 能够识读反应釜整体结构图、零部件图；熟悉反应釜的金属材料牌号，理解其焊接接头形式。

2. 能够分析低合金钢Q345R的焊接性并编制夹套筒体的焊接工艺，能按所拟定的焊接工艺焊接试件，掌握低合金钢的焊接工艺要点。

3. 能够分析奥氏体不锈钢S30408的焊接性并编制内筒体的焊接工艺，能按所拟定的焊接工艺焊接试件，掌握奥氏体不锈钢的焊接工艺要点。

4. 能够分析耐热钢15CrMoR的焊接性并编制法兰环的焊接工艺，能按所拟定的焊接工艺焊接试件，掌握耐热钢的焊接工艺要点。

5. 能够分析低碳钢与低合金钢异种钢的焊接性并编制接管与夹套筒体的焊接工艺，能按所拟定的焊接工艺焊接试件，掌握低碳钢与低合金钢异种钢的焊接工艺要点。

6. 能够分析低合金钢与不锈钢异种钢的焊接性并编制内筒体与夹套筒体的焊接工艺，能按所拟定的焊接工艺焊接试件，掌握低合金钢与不锈钢异种钢的焊接工艺要点。

项目实施

任务一 反应釜图样识读

任务解析

通过识读反应釜整体结构图和零部件图，能列出反应釜生产制造应符合的标准；能列出反应釜技术要求；能列出反应釜各零部件所用金属材料的牌号、规格尺寸；能列出反应釜各零部件的焊接接头形式、焊缝形式等。

必备知识

一、反应釜图样的基本结构和内容

识读压力容器图样的基本内容、视图表达、零部件的标注，能够更好地理解压力容器设备的功能，从而选择更好的制造和焊接工艺。

反应釜图样如附图2～附图6所示，由1张装配图和4张零部件图（凸缘、搅拌器、搅拌轴和设备法兰）组成。反应釜图样包括视图和结构尺寸，基本数据，设计、制造、检验及验收，焊接表，管口表，技术要求，明细栏和焊接接头图等内容。

（1）视图　用以表达压力容器的工作原理、各部件间的装配关系和相对位置，主要零件的基本形状。压力容器上的结构尺寸是制造、检验设备的重要依据，标注应完整、清晰、合理。

压力容器视图主要由主视图和俯（左）视图构成，在压力容器的设计绘图过程中大多采用以下的视图表达方法。

1）旋转的表达方法。由于设备壳体四周分布有各种管口和零部件，为了在主视图上清楚地表达它们的形状和轴向位置，主视图可采用旋转的画法。采用这种表达方法时，一般不作标注，这些结构的周向方位以管口方位图（或俯、左视图）为准。

2）局部结构的表示方法。设备上某些细小的结构，按总体尺寸所选定的比例无法表达清楚时，可采用局部放大的画法。必要时，还可采用几个视图表达同一细部结构。

3）断开的表达方法。当设备总体尺寸很大，又有相当部分的结构形状相同，可采用断开画法。

4）螺栓孔和螺栓连接的简化画法。螺栓孔可用中心线和轴线表示，而圆孔的投影则可省略不画。装配图中的螺栓连接可用符号“×”（粗实线）表示，若数量较多，且均匀分布时，可以只画出几个符号表示其分布方位。

5）标准零部件和外购零部件的简化画法。标准零部件在设备图中不必详细画出，可按比例画出其外形特征的简图。在设备图中，外购零部件只需根据尺寸按比例用粗实线画出其外形轮廓简

图，并同时在明细栏中列出其名称、规格、标准号等。

（2）基本数据　包括压力容器的类别、压力、温度、工作介质、设备容积、焊缝系数、腐蚀裕量、压力试验等要求。

（3）设计、制造、检验及验收　包括反应釜设计、制造和检验等要求遵守的规范、标准，接头的焊接、无损检测，管口及支座方位及其他要求等内容。

（4）焊接表　包括焊接接头形式、焊接方法和焊接材料推荐等内容。

（5）管口表　用于说明设备上所有管口的用途、规格、连接面形式等内容。

（6）技术要求　是用文字说明设备在制造、检验和验收时应遵循的标准、规范，材料等方面的特殊要求，作为制造、装配、验收等过程中的技术依据。

（7）明细栏　标明设备各零部件与视图中相对应的件号、图号或标准号、规格、数量、材料等内容。

二、反应釜的质量要求

查阅反应釜生产所涉及的相关法规、标准及产品技术要求等，形成技术报告。

三、反应釜主要零部件

列出反应釜主要零部件的名称、数量、材料牌号和规格等，格式见表2-1。

表 2-1　反应釜主要零部件

件号	图号或标准号	名称	数量	材料	备注

四、反应釜焊接接头特征

列出反应釜各零部件的焊接接头形式和焊缝形式等，格式见表2-2。

表 2-2　反应釜焊接接头特征

零部件名称	焊接接头形式	焊缝形式	坡口形式

五、反应釜生产流程

压力容器在设计、制造、操作和使用等方面如果存在不合规定的情况，极有可能会造成灾难性后果。故压力容器受到严格的标准控制，其设计与制造必须符合GB 150—2011《压力容器》的规定，原材料必须无损检测合格后方可进行下一步的切割下料工序。根据材料的焊接性与接头装配特点，选择正确的焊接工艺。焊接完成后还需进行无损检测、水压试验等测试，局部焊缝需进行表面检测，不允许有咬边、未焊透、气孔、夹渣等缺陷。

下面是反应釜的生产流程，可以根据实际生产许可，适当调整。

内容器和夹套封头制作→内筒体和夹套筒体制作→内筒体与封头焊接→夹套筒体与封头焊接→法兰环制作→接管与法兰焊接→法兰环、衬环内容器封头、内筒体焊接→接管与内容器封头焊接→内筒体与夹套筒体焊接→内容器封头与夹套封头焊接→接管与夹套焊接→耳座与夹套筒体焊接。

复习思考题

一、判断题

1. 压力容器主视图可采用旋转的画法并进行标注，结构的周向方位以管口方位图（或俯、左视图）为准。（　）

2. 当设备总体尺寸很大，又有相当部分的结构形状相同，可采用断开画法。（　）

二、多选题

1. 压力容器视图主要由（　）视图构成。

A. 主视图　　B. 俯（左）视图　　C. 正视图　　D. 右视图

2. 压力容器图样中的基本数据包括压力容器的（　）、设备容积、焊缝系数、腐蚀裕量、压力试验等要求。

A. 类别　　B. 压力　　C. 温度　　D. 工作介质

3. 压力容器图样中的设计、制造、检验及验收包括应该遵守的（　）及其他要求等内容。

A. 规范　　B. 标准　　C. 接头焊接　　D. 无损检测

E. 管口及支座方位

4. 压力容器图样中的焊接表包括（　）等内容。

A. 接头形式　　B. 焊接方法　　C. 焊接材料推荐　　D. 焊接坡口

任务二　夹套筒体焊接工艺编制及焊接

任务解析

通过分析低合金钢的焊接性，确定所采用的焊接方法、焊接材料，编制反应釜夹套筒体焊接工艺并实施，进而掌握低合金钢的焊接要点，并能对试件质量进行分析及完善焊接工艺。

必备知识

一、夹套筒体的焊接结构

夹套筒体的焊接结构如图2-1所示，焊接接头为板厚为10mm的对接接头，焊缝为对接焊缝。

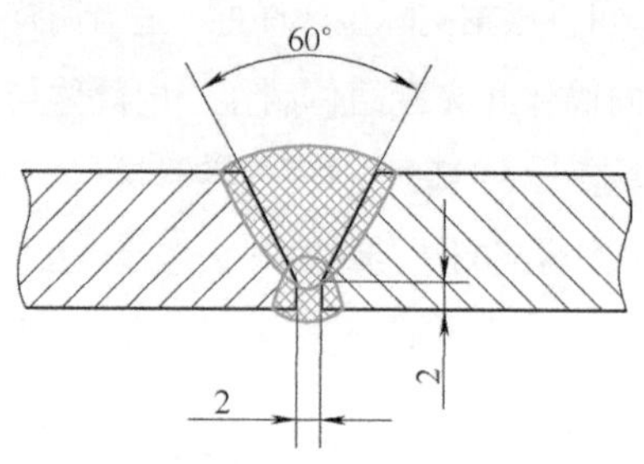

图2-1　夹套筒体的焊接结构图

二、夹套筒体的焊接性

（一）夹套筒体（Q345R）的物理性能、化学成分和力学性能

夹套筒体的材料为Q345R。“R”是指锅炉和压力容器专用钢，其下屈服强度为345MPa，属于低合金高强度钢。

国内外常见的合金结构钢见表2-3。

表 2-3　国内外常见的合金结构钢

类型	类别	屈服强度/MPa	牌号
高强度钢	热轧及正火钢	295~490	09Mn2Si、Q345(Cu)、Q390、Q390(Cu)、Q420、18MnMoNb、14MnMoV、WH530、X60、D36
	低碳调质钢	490~980	14MnMoVN、14MnMoNbB、WCF60、WCF62、HQ70、HQ80、HQ100、T-1、HY80、HY110
	中碳调质钢	880~1176	35CrMoA、35CrMoVA、30CrMnSiA、30CrMnSiNi2A、40CrMnSiMoVA、40CrNiMoA、34CrNi3MoA
专用钢	珠光体耐热钢	265~640	12CrMo、15CrMo、2.25Cr1Mo、12Cr1MoV、15Cr1Mo1V、12Cr5Mo、12Cr9Mo1、12Cr2MoWVB
	低温钢	343~585	09Mn2V、06AlCuNbN、2.5Ni、3.5Ni、5Ni、9Ni
	低合金耐蚀钢	—	12MnCuCr、09MnCuPTi、09CuPCrNi、12AlMoV、12AlMo、15Al3MoWTi

1. 热轧及正火钢

屈服强度为295~490MPa，在热轧或正火状态下使用，属于非热处理强化钢，包括微合金化控轧钢、焊接无裂纹钢和抗层状撕裂钢。尽管采用了不同的冶炼和控轧技术，但从本质上讲它们都属于正火钢。这类钢广泛应用于常温下工作的各种焊接结构，如压力容器、动力设备、工程机械、桥梁、建筑结构和管线等。

2. 低碳调质钢

屈服强度为490~980MPa，在调质（淬火+高温回火）状态下供货使用，属于热处理强化钢。低碳调质钢的特点是含碳量较低（碳的质量分数一般低于0.22%）、合金元素总的质量分数低于

5%，既有高的强度，又有良好的塑性和韧性，可以直接在调质状态下进行焊接，焊后也不需进行调质处理。这类钢在焊接结构中也得到越来越广泛的应用，主要用于大型机械工程、压力容器及舰船等。

3. 中碳调质钢

屈服强度一般为880~1176MPa，钢中含碳量比低碳调质钢高（碳的质量分数为0.25%~0.5%），也属于热处理强化钢。它的淬硬性比低碳调质钢高很多，具有很高的强度和硬度，但韧性较低，给焊接带来很大的困难，因此一般在退火状态下焊接，焊后再进行整体热处理来达到所要求的强度和硬度。这类钢主要用于强度要求很高的产品或部件，如飞机起落架、火箭发动机壳体等。

GB/T 1591—2008《低合金高强度结构钢》中对钢的牌号、质量等级进行了的规定。钢的牌号冠以字母Q（“屈”字汉语拼音的首位字母），后缀表示钢的最小屈服强度值。每种钢按质量还可以分为若干等级。相较于GB/T 1591-1994，新标准主要取消了Q295强度级别，增加了Q500、Q550、Q620、Q690强度级别。

Q345是国内应用最广泛的低合金高强度钢，综合力学性能良好，低温性能也可，塑性和焊接性良好，用于中低压容器、油罐、车辆、起重机、矿山机械、电站、桥梁等承受动载的结构，热轧或正火状态使用，可用于-40℃以上寒冷地区的各种结构。与Q235相比，w_{Mn}上限提高到1.7%，并加入微量V、Nb、Ti等元素，强度提高近50%。以Q345取代Q235，可节约材料20%~30%。按照钢中w_S、w_P含量的不同，Q345又分为A~E 共五个质量等级，Q345A即旧牌号中的16Mn，Q345C相当于锅炉和压力容器用钢中的16MnG和Q345R。Q345R的物理性能、化学成分和力学性能见表2-4。

Mn的固溶强化作用很明显，当w_{Mn}≤1.7%时，可提高韧性和降低韧脆转变温度；Si的固溶强化作用也很显著，但会降低塑性和韧性，因此一般钢中w_{Si}≤0.6%；Ni是唯一一种既能起固溶强化作用，同时又能提高韧性且大幅度降低韧脆转变温度的合金元素，在低温钢中最常用。

Cr能提高钢的耐热性、耐蚀性和降低韧脆转变温度；Mo可提高钢的热强性，一般认为当w_{Mo}=0.25%~0.50%时，既可以强化金属又能改善韧性，当w_{Mo}>0.5%时韧性开始恶化。Cr和Mo都是提高钢的淬透性的元素，使其裂纹敏感性增加，因此在低合金结构钢中的含量应加以控制。

V、Ti、Nb是强烈形成碳化物的元素，Al、V、Ti、Nb还可形成氮化物，可产生明显的沉淀强化作用，在固溶强化的基础上屈服强度可提高50~100MPa，并能保持韧性。V、Ti、Nb均是微量加入，故称为微合金化。B元素也是微合金化的元素，其可以细化晶粒从而改善韧性。

表 2-4　Q345R 的物理性能、化学成分和力学性能

牌号	物理性能								
	平均线膨胀系数/10^{-6} ℃$^{-1}$			热导率/W·(m·K)$^{-1}$			比热容/J·(kg·K)$^{-1}$		
	20~100℃	20~200℃	20~300℃	20℃	100℃	300℃	100℃	200℃	300℃
Q345R	8.31	10.99	12.31	53.17	51.08	43.96	481	523	357

（续）

牌号	化学成分(质量分数,%)				
	C	Mn	Si	S	P
Q345R	≤0.20	1.20~1.60	≤0.55	≤0.015	≤0.025

牌号	力学性能			
	R_{eL}/MPa	R_m/MPa	A(%)	KV_2/J
Q345R	≥345	510~640	≥21	≥34(0℃)

（二）夹套筒体Q345R的焊接性分析

根据夹套筒体Q345R的化学成分，按照国际碳当量公式计算碳当量值为0.32%~0.46%，碳当量较低，强度不高，具有良好的塑性、韧性及焊接性，焊接热影响区淬硬倾向稍大于低碳钢。厚度在30mm以下时，焊前一般不需预热处理，常用于制作中、低压容器的受压元件，也可用于制作其他非压力容器元件。由于碳当量较低，焊接性较好，接近普通的低碳钢，在一般情况下，焊接时不必采取特殊工艺措施，只有在焊接厚度较大、焊件刚性大及焊接环境气温较低时，为了防止冷裂纹，才进行预热和焊后热处理。

总体来看Q345R的焊接性较好。但随着合金元素的增加和强度的提高，焊接性也变差。焊接时的问题主要来自两方面：焊接裂纹与热影响区性能的变化。

1. 焊接裂纹

（1）焊缝中的结晶裂纹　热轧及正火钢的含碳量较低，并含有一定的锰，控制Mn/S比值（含量比）一般可以达到防止结晶裂纹的要求。在母材化学成分正常、焊接材料及焊接参数选择正确的情况下，一般不会产生结晶裂纹。但若母材成分反常，如碳与硫的含量同时居上限或存在严重偏析，则有产生结晶裂纹的可能。在这种情况下，应采取必要的防止措施。为了防止结晶裂纹，应在提高焊缝含锰量的同时降低碳、硫的含量。具体措施：可选用脱硫能力较强的低氢型焊条，埋弧焊时选用超低碳焊丝配合高锰高硅焊剂，并从工艺上降低熔合比。

（2）冷裂纹　生成冷裂纹的三个要素中，与材料有关的是淬硬组织。Q345R中由于加入了一定的合金元素，发生珠光体转变所需的冷却速度比Q235要低，因而更容易发生马氏体转变，淬硬倾向比低碳钢要大。在快冷时，Q345R钢在铁素体析出后，余下的奥氏体就有可能转变成高碳马氏体或贝氏体。而当冷却速度降低时，组织转变情况差别不大。说明冷却速度较高时，热轧钢的冷裂纹敏感性高于低碳钢。为了防止冷裂纹的产生，焊接时需要采取控制焊接热输入、降低含氢量、预热和及时后热等措施。

（3）消除应力裂纹（再热裂纹）　含有Mo、Cr元素的钢在焊后消除应力热处理或焊后再次高温加热（包括长期高温下使用）过程中，可能出现裂纹，即消除应力裂纹，也称为再热裂纹。它一般产生在热影响区的粗晶区，裂纹沿熔合线方向断续分布。该裂纹的产生一般须有较大的焊接残余应力，因此在拘束度大的厚大焊件应力集中部位更易出现消除应力裂纹。

（4）层状撕裂　层状撕裂主要与钢的冶炼轧制质量、板厚、接头形式和Z向应力有关，与钢材强度无直接关系。一般认为，钢中的含硫量和断面收缩率是衡量抗层状撕裂能力的判据。选用具有抗层状撕裂的钢材，降低钢中夹杂物的含量和控制夹杂物的形态，以提高板厚方向的塑性是防止层状撕裂的有效措施。另外，为防止由冷裂纹引起的层状撕裂，应尽量采用一些防止冷裂纹的措施，如降低含氢量、适当预热、控制层间温度等。

2. 热影响区性能的变化

Q345R钢焊接时，热影响区性能的变化主要是过热区脆化。过热区的加热温度在1200℃至固相温度范围内，高的加热温度造成奥氏体晶粒严重粗化及难熔质点（氮化物、碳化物）溶入固溶体，这些都将明显影响过热区的性能，而且与焊接工艺（主要是热输入）有密切关系。热轧钢过热区脆化的程度与含碳量有关，当Q345R钢含碳量在下限（$w_C = 0.12\%\sim0.14\%$）时，过热区韧性随热输入的增大而下降。这是因为热输入增加，使奥氏体晶粒粗化更为严重，冷却后会出现魏式组织，因此，适当降低热输入有助于提高韧性。这时，即使因冷却速度较大而出现淬火组织，但低碳马氏体仍有较高的韧性，能有效防止过热区脆化。

热影响区的另一个变化是热应变脆化。在焊接过程中，由于冷成形加工和焊接，引起钢材应变时效，导致材料的韧脆转变温度升高，断裂韧度下降。尤其是在焊后冷却过程中，在150~400℃附近的蓝脆温度区间产生的塑性应变，引起应变时效，会产生更明显的脆化作用，工程上称之为热应变脆化。热应变脆化是由于氮、碳原子聚集在金属晶格的位错周围造成的。若在钢中加入足够的氮化物形成元素（Al、Ti、V等），可以有效降低热应变脆化倾向，如Q420钢比Q345钢的热应变脆化倾向小。消除热应变脆化的有效措施是焊后热处理，如Q345钢经600℃×1h退火处理后，其韧性可恢复到原有水平。

三、夹套筒体的焊接工艺要点

（一）焊接方法和焊接材料的选择

Q345R的焊接性较好，几乎可以采用所有的焊接方法进行焊接，并都能保证焊接接头的良好质量。应用广泛的焊接方法是焊条电弧焊、埋弧焊、二氧化碳气体保护焊、氩弧焊等，一般根据产品的结构特点、批量、生产条件和经济效益等综合情况进行选择。

选择焊接材料最重要的原则就是确保焊缝金属的性能，使之满足产品的技术要求，从而保证产品在服役中正常运行。

Q345R主要用于制造受力部件，要求焊接接头具有足够的强度，适当的屈强比，足够的韧性和低的时效敏感性，即具有与产品技术条件相适应的力学性能。因此，选择焊接材料时，必须保证焊缝金属的强度、塑性、韧性等力学性能指标不低于母材，而对成分不做过多要求。

一般来说，焊缝金属的强度是较易保证的，关键在于保证强度的同时获得良好的塑性和韧性。焊缝从高温快速冷却后得到不平衡组织，钢中的合金元素往往以过饱和状态固溶于基体中，从而使焊缝金属的强度上升，塑性、韧性下降。为了消除冷却速度高对性能带来的不利影响，必须调整焊缝的化学成分。一般情况下，希望焊缝的含碳量低于母材，如果焊缝熔敷金属的化学成分与母材完全相同，在快冷条件下，焊缝金属的强度必将上升，而塑性、韧性下降。因此，选择焊接材料时的主要依据是保证焊缝与母材的强度级别相匹配。另外，采用同样的焊接材料，在熔合比和冷却速度不同时，所得焊缝的性能也会有很大差别。因此，选择焊条或焊丝时还应考虑到板厚和坡口形式的影响。焊接厚板时，因熔合比小，应选用强度级别较高的焊接材料；焊接薄板时则相反。

在焊后要求进行热处理时，还应考虑热处理后焊缝金属强度可能下降的因素，在这种情况下应选用强度级别略高的焊接材料。特别是焊后要求进行正火处理时，更需考虑热处理对焊缝强度的影响。

1. Q345R钢的焊条电弧焊

按照焊缝与母材等强匹配的原则，一般要求焊缝与母材强度相等或略低于母材。通常选用E5015焊条，焊接时熔敷金属的含碳量一般为$w_C \leqslant 0.12\%$，合金元素含量也应比母材稍低，$w_{Mn} \leqslant 0.60\%$，$w_{Si} \leqslant 0.75\%$，必要时对合金系统做些调整。如果熔敷金属的化学成分与母材完全相同，在快冷条件下，焊缝金属的强度必将上升，而塑性、韧性下降。因此，在选择焊条时的主要依据是保证焊缝与母材的强度级别相匹配。焊条应选用强度为E50等级的焊条，如碱性焊条E5016、E5015等。对于强度要求不太高的焊件，也可选用E4316、E4315焊条。

2. Q345R钢的埋弧焊

埋弧焊时，选择焊丝还应考虑熔合比和焊剂对焊缝成分的影响。焊剂多选用高锰、高硅型的HJ431和中锰、中硅、中氟型的HJ350等，配合H08A、H08MnA、H10Mn2或H10MnSi等焊丝，可以得到很好的效果。当焊件不开坡口时，一般可选用H08A焊丝。对于开坡口焊件的焊接，选用合金元素含量较高的焊丝H08MnA、H10Mn2和H10MnSi。对于大厚度深坡口焊件的焊接，可选用H10Mn2焊丝，可以保证得到力学性能较高的焊接接头。焊剂在使用前要经过250℃，1~2h烘干，焊件在焊前要认真清理。

3. Q345R钢的二氧化碳气体保护焊

采用的焊丝有细焊丝（直径为0.6~1.2mm）和粗焊丝两种。前者主要用于薄板结构及厚板窄间隙焊接，后者用于中厚板结构或铸钢件补焊。常用焊丝有H08Mn2SiA和H10MnSi。Q345R钢二氧化碳气体保护焊的焊接参数见表2–5。

表 2–5 Q345R 钢二氧化碳气体保护焊的焊接参数

焊道	焊丝直径/mm	保护气体	气体流量/$L \cdot min^{-1}$	预热或焊道间温度/℃	焊接参数		
					焊接电流/A	电弧电压/V	焊接速度/$cm \cdot min^{-1}$
单道焊	1.2	CO_2	8~15	不预热或≤300	100~150	21~24	12~18
多道焊					160~240	22~26	14~22
单道焊	1.6	CO_2	10~18		300~360	33~35	20~26
多道焊					280~340	30~32	18~24

4. Q345R钢的氩弧焊

氩弧焊一般常用于重要结构的薄板焊接或不能双面焊接时的单面焊双面成形工艺的打底焊，常用焊丝有H10MnSi、H08Mn2SiA等。

（二）焊接坡口的选择

根据焊接方法和结构，一般按国家标准GB/T 985.1—2008《气焊、焊条电弧焊、气体保护焊和高能束焊的推荐坡口》和GB/T 985.2—2008《埋弧焊的推荐坡口》、图样的技术要求和相关的标准及下面四点原则来选择焊接坡口。

1）是否能保证焊件焊透。

2）坡口的形状是否容易加工。

3）尽可能地提高生产率，节省填充金属。

4）焊件焊后变形要尽可能小。

（三）焊前预热温度的确定

焊前预热是防止冷裂纹和改善接头性能的重要措施。预热温度受母材、焊条类型、坡口形式、环境温度等因素的影响，工程中必须结合具体情况经试验后才能确定。Q345R钢焊条电弧焊时的预热温度见表2-6。

表 2-6　Q345R 钢焊条电弧焊时的预热温度

焊件厚度/mm	不同气温时的预热温度
<16	不低于-10℃时,不预热; -10℃以下预热至100~150℃
16~24	不低于-5℃时,不预热; -5℃以下预热至100~150℃
25~30	不低于0℃时,不预热; 0℃以下预热至100~150℃
>30	均预热至100~150℃

四、编制夹套筒体的焊接工艺

根据焊接技术员的分组，每个小组讨论可以选择的焊接方法，并根据虚拟车间现有的常用焊接设备，每位技术员编制一种焊接方法的焊接工艺。技术员一定要认真分析夹套筒体的特点，根据相关法规和标准的要求，按照表1-17中的格式编制焊接工艺卡，可以适当修改、增加或取消部分内容，但尽量要符合生产的要求，保证产品的焊接质量。

课内小组交流、讨论并修改焊接工艺。

五、按照工艺焊接试件

（一）焊前准备

（1）材料准备　准备符合国家标准的Q345R钢板、按照焊接工艺卡选择焊接材料等，并按照要求清理、烘干保温等。

（2）用具准备　准备手套、面罩、榔头、錾子、尖嘴钳、三角铁、锉刀、钢刷、记录笔和纸、计时器等。

10mmQ345R 板平对接焊条电弧焊

（3）设备准备　根据选择的焊接方法选择焊接设备、切割机、台虎钳等。

（4）测量工具准备　准备坡口角度尺、焊缝测量尺等。

（5）定位焊

1）坡口表面要求。坡口表面不得有裂纹、分层、夹杂等缺陷。

2）施焊前，应清除坡口及母材两侧20mm范围内的氧化物、油污、焊渣及其他有害杂质。

3）定位错边量应符合相应规定。

4）适当增加定位焊的截面和长度。定位焊时要加大焊接电流，降低焊接速度，必要时还要预热。

（二）焊接操作

焊接时严格按照编制的焊接工艺卡进行焊接，对焊前、焊接过程及焊后质量进行外观检查，并且做好详细的焊接记录（焊接记录表格式与表1-18相同）。

复习思考题

一、判断题

1. 普通低合金结构钢由于含有较多的合金元素，所以它的焊接性比低碳钢好得多。（　）

2. 对于有延迟裂纹倾向的低合金钢，焊后应立即进行热处理。（　）

3.钢的热处理可以改善钢的力学性能、金相组织和金属切削性。（　）

4. 高强度钢的强度等级越高，淬硬倾向越大，预热温度应越高。（　）

5. 低合金钢焊后的冷却速度越大，则淬硬倾向越小。（　）

6. 低合金高强度钢焊接时，适当提高预热温度和增加焊接热输入可以防止产生冷裂纹。（　）

7. “E5015”是碳素钢焊条型号完整的表示方法，其中“50”表示电流种类及药皮类型。（　）

8. 焊接工作结束后，焊件上的焊工钢印（标识）可以由专人代为完成。（　）

二、选择题

1. 热轧钢的强度主要是靠（　）的固溶强化作用来保证的。

A. Cr、Mo　　B. V、Ti　　C. Mn、Si　　D. C、Mn

2. 对于含Mo的正火钢，在正火后必须再进行（　）处理才能保证良好的塑性和韧性。

A. 回火　　B. 退火　　C.淬火　　D. 调质

3. Q345钢是典型的（　）钢。

A. 热轧钢　　B. 正火钢　　C. 低碳调质钢　　D. 中碳调质钢

4. 热轧及正火钢焊接时产生热应变脆化，主要是由固溶的（　）所引起的。

A. 氢　　B. 氧　　C. 氮　　D. 硫

5. 热轧及正火钢焊后如若进行焊后热处理，应选择强度（　）于母材的焊接材料。

A. 略低　　B. 等于　　C. 略高

6. 低合金结构钢焊接时的主要问题是（ ）。

A. 应力腐蚀和接头软化　　B. 冷裂纹和接头软化

C. 应力腐蚀和粗晶区脆化　　D. 冷裂纹和粗晶区脆化

7. Mn钢焊接时，一般选用（ ）型焊条。

A. E43××　　B. E50××　　C. E55××　　D. E60××

8. 在合金元素中（ ）对提高钢的耐大气与海水腐蚀性能最为有效。

A. Cu、P　　B. Cr、Ni　　C. Mn、Si　　D. C、N

任务三　内筒体焊接工艺编制及焊接

任务解析

通过分析不锈钢的焊接性，确定所采用的焊接方法、焊接材料，编制反应釜内筒体焊接工艺并焊接，从而掌握不锈钢的焊接要点。

必备知识

一、内筒体的焊接结构

内筒体的焊接结构是对接焊缝、对接接头。

二、内筒体金属材料特点

内筒体的材料是S30408，属于不锈钢。

（一）不锈钢分类

1. 按化学成分不同分

（1）铬不锈钢　S41010、S42020、S42030、S42040等。

（2）铬镍不锈钢　S30408、S32168、S31668等。

2. 按组织不同分

（1）奥氏体不锈钢　奥氏体不锈钢有S30408、S32168、S31668等。由于奥氏体不锈钢中的铬、镍含量较高，因此在氧化性、中性以及弱还原性介质中均具有良好的耐蚀性。奥氏体不锈钢的塑性、韧性优良，冷热加工性能俱佳，广泛应用于建筑装饰、食品工业、医疗器械、纺织印染设备以及石油、化工等工业领域。

由于奥氏体的再结晶温度高，铁和其他元素的原子在奥氏体中的扩散系数小，故其强化稳定性比铁素体高。用于工作温度高于650℃的一些热强钢多为奥氏体不锈钢，即在18-8型不锈钢基础上添加一些提高热强性的合金元素。如S32168、S34778、S30908等牌号的不锈钢，既可作为耐蚀钢使用，也可作为耐热钢使用。在S31008基础上加入Si，研制出S38340钢，可显著提高钢的热强性、抗氧化性和抗渗碳性，作为耐更高温度下抗氧化的奥氏体不锈钢使用。

（2）铁素体不锈钢　铁素体不锈钢有S11168、S11710、S11863等。超低碳高铬含钼铁素体不锈钢因对氯化物应力腐蚀不敏感，同时具有良好的耐点蚀、缝隙腐蚀性能，因而广泛用于热交换设备、耐海水设备、有机酸及制碱设备等。

（3）马氏体不锈钢　马氏体不锈钢有S42020、S42030、S42040等。这类钢的焊接性较差，主要用于硬度、强度要求较高，耐蚀性要求不太高的场合，如量具、刃具、餐具、弹簧、轴承、水轮机转轮等。为获得或改善某些性能，添加镍、钼等合金元素，形成一些新的马氏体不锈钢，如S51750等。

（4）双相不锈钢　双相不锈钢是指金相组织由奥氏体和铁素体两相组成的不锈钢，而且各相都占有较大的比例。当铁素体的体积分数为30%~60%时，不锈钢具有特殊的耐点蚀、应力腐蚀的性能，如S21953等。双相不锈钢具有奥氏体不锈钢和铁素体不锈钢的一些特性，韧性良好，强度较高，耐氯化物应力腐蚀。它适用于制作海水处理设备、冷凝器、热交换器等，在石油、化工领域应用广泛。

不锈钢中，奥氏体不锈钢比其他不锈钢具有更优良的耐蚀性、耐热性、塑性和焊接性，因而应用最为广泛。特别是S30408，是应用最广泛的一种不锈钢，简称为18-8型钢。

（二）不锈钢的性能

1. 不锈钢的物理性能

以碳素钢的相应物理性能进行对比，奥氏体不锈钢的电阻率可达碳素钢的五倍，线膨胀系数比碳素钢约大50%，而马氏体不锈钢和铁素体不锈钢的线膨胀系数大体上和碳素钢相等。奥氏体不锈钢的热导率为碳素钢的1/2左右，且通常是非磁性的。铬含量和镍含量较低的奥氏体不锈钢在冷加工变形量较大的情况下，会产生形变诱导马氏体，从而产生磁性。用热处理方法可以消除这种马氏体和磁性。

2. 不锈钢的力学性能

几类典型不锈钢的常温力学性能见表2-7。奥氏体不锈钢常温具有较低的屈强比（40%~50%），断面收缩率、断后伸长率和冲击吸收能量均很高。奥氏体不锈钢经高温加热后，会产生σ相和晶界析出碳化铬而引起脆化现象。同其他绝大多数金属材料相似，其抗拉强度、屈服强度和硬度，随着温度的降低而提高；塑性则随着温度降低而减小。

铁素体不锈钢的特点是冲击韧度低。当在高温下长时间加热时，力学性能将进一步恶化，可能导致475℃脆化、σ脆化或晶粒粗大等。

马氏体不锈钢在退火状态下，硬度最低；可淬火硬化，正常使用时的回火状态的硬度又稍有下降。

表2-7　几类典型不锈钢的常温力学性能

类型	牌号	热处理状态	屈服强度 R_{eL}/MPa	抗拉强度 R_m/MPa	断后伸长率 A(%)	硬度HV
奥氏体型	S30408	固溶处理	≥205	≥520	≥40	≤200
	S32168		≥205	≥520	≥40	≤200
	S31668		≥205	≥530	≥35	≤220
	S31008		≥205	≥520	≥40	≤200

（续）

类型	牌号	热处理状态	屈服强度 R_{eL}/MPa	抗拉强度 R_m/MPa	断后伸长率 A(%)	硬度HV
铁素体型	S11710	退火处理	≥205	≥450	≥22	≤200
	S11203		≥196	≥370	≥22	≤200
	S11790		≥205	≥450	≥22	≤200
	S11348		≥177	≥410	≥20	≤200
马氏体型	S40310	退火处理	≥205	≥440	≥20	≤210
	S42020		≥225	≥520	≥18	≤234
	S44070		≥245	≥590	≥15	≤269

3. 不锈钢的耐蚀性

金属受介质的化学及电化学作用而破坏的现象称为腐蚀。由于腐蚀介质的不同，一种不锈钢不可能对所有介质都具有耐蚀性。不锈钢的主要腐蚀形式有均匀腐蚀（表面腐蚀）和局部腐蚀，局部腐蚀包括晶间腐蚀、点蚀、缝隙腐蚀和应力腐蚀等。据统计，在不锈钢腐蚀破坏事故中，由均匀腐蚀引起的仅占约10%，而由局部腐蚀引起的则高达90%以上，由此可见，局部腐蚀的危害是相当严重的。

（1）均匀腐蚀　均匀腐蚀是指接触腐蚀介质的金属表面全部产生腐蚀的现象。铬不锈钢在氧化性介质中容易先在表面形成富铬氧化膜。该膜将阻止金属的离子化而产生钝化作用，提高了金属的耐均匀腐蚀性能。沉淀硬化型不锈钢由于铬含量高，也有较好的耐均匀腐蚀性能。但由于强化处理，按碳化铬析出或时效的不同，耐蚀性也有相应的损失或降低。

（2）晶间腐蚀　在腐蚀介质作用下，起源于金属表面沿晶界深入金属内部的腐蚀称为晶间腐蚀，如图2-2所示。它是一种局部腐蚀。晶间腐蚀会导致晶粒间的结合力丧失，材料强度几乎消失，是一种极为危险的腐蚀现象。

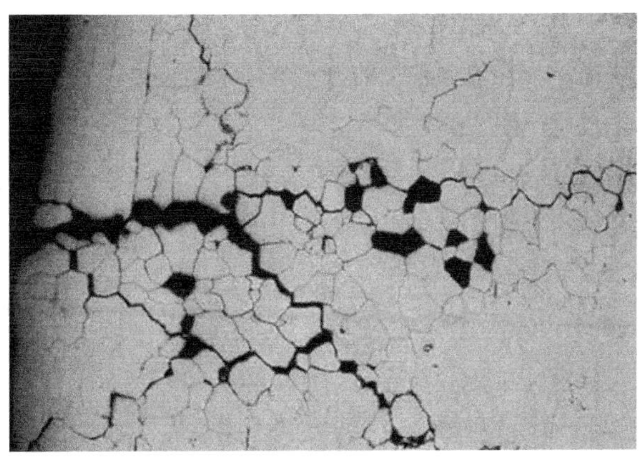

图2-2　不锈钢的晶间腐蚀

（3）点蚀　点蚀是指在金属材料表面产生的尺寸约小于1.0mm的穿孔性或蚀坑性的宏观腐

蚀，如图2-3所示。点蚀的形成主要是由于材料表面钝化膜的局部破坏引起的。试验表明，材料的阳极电位越高，耐点蚀能力越好；介质中，Cl^-的浓度越低，越不容易引起点蚀；增加材料的均匀性，即减少夹杂物（尤其是硫夹杂物）、晶界析出物（晶间碳化物或σ相等）以及提高钝化膜的稳定性，如降低含碳量，增加铬和钼及镍含量等都能提高耐点蚀能力。

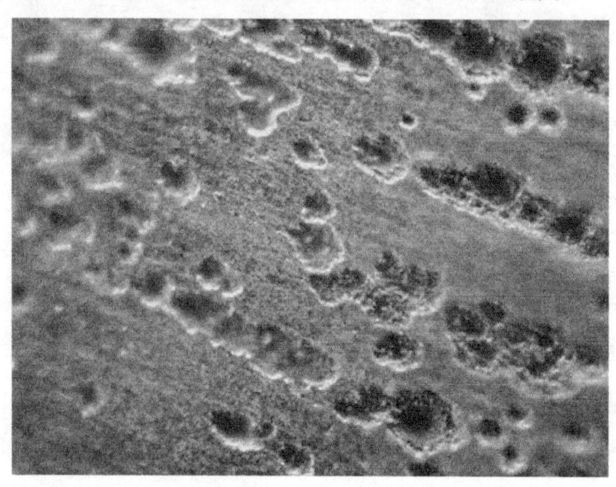

图2-3　不锈钢的点蚀

（4）缝隙腐蚀　缝隙腐蚀是金属构件缝隙处发生的斑点状或溃疡形宏观蚀坑。它是以腐蚀部位的特征命名的，常发生在垫圈、铆接、螺钉连接缝，搭接的焊接接头，阀座，堆积的金属片间等。由于连接处的缝隙被腐蚀产物覆盖以及介质扩散受到限制等原因，该处的介质成分和浓度与整体有很大差别，介质的电化学不均匀性将会引起此类腐蚀。从现有材料试验结果分析，S30408及S31603型奥氏体不锈钢、铁素体及马氏体不锈钢在海水中均有缝隙腐蚀的倾向。适当增加铬、钼含量可以改善耐缝隙腐蚀的能力。实际上只有采用钛、高钼镍基合金和铜合金等才能有效地防止缝隙腐蚀的发生。因此，改善运行条件、改变介质成分和结构形式是防止缝隙腐蚀的重要措施。

（5）应力腐蚀开裂（SCC）　应力腐蚀开裂是指在静拉伸应力与电化学介质共同作用下，因阳极溶解过程引起的断裂。根据不锈钢设备与制件的应力腐蚀断裂事例和试验研究工作，可以认为：在一定静拉伸应力和在一定温度条件下的特定电化学介质的共同作用下，现有不锈钢均有产生应力腐蚀的可能。应力腐蚀产生的条件如下。

1）介质条件。应力腐蚀的最大特点之一是腐蚀介质与材料的组合有选择性。在此特定组合以外的条件下不产生应力腐蚀。

在介质因素中，最重要的是溶液中Cl^-的浓度和含氧量的关系。尽管Cl^-浓度很高，若含氧量很少时，不会产生应力腐蚀。反之，尽管含氧量很多，若Cl^-浓度较少时，也不会产生应力腐蚀，两者必须共存。此现象又常称为氯脆。

2）应力条件。应力腐蚀在拉应力作用下才能产生，在压应力下则不会产生。引起应力腐蚀的应力有焊件加工过程中的内应力和工作应力。总体来看，主要是加工过程中的内应力，其中最主要的是焊接残余应力，其次是其他冷加工和热加工过程中的残余应力。消除残余应力是防止应力腐蚀最有效的措施之一。

3）材料条件。一般情况下，纯金属不产生应力腐蚀，应力腐蚀均发生在合金中。在晶界上的合金元素偏析是引起合金的晶间型开裂的应力腐蚀的重要原因。断口形貌一般无显著的塑性变形，宏观断口粗糙，多呈结晶状、层片状、放射状和山形形貌。

三、内筒体（S30408）的焊接性分析

不锈钢焊接过程中的热输入需适当加以控制。低的热导率要求焊接奥氏体不锈钢时采用较低的热输入。

焊件在焊接时，其物理性能对熔合比影响也很大。热导率小的材料，在同样的焊接条件下比热导率大的材料的熔合比要大些。在选定焊接参数时必须考虑物理性能对熔合比的影响。表2-8列出了S30408的物理性能和化学成分。

表 2-8　S30408 的物理性能和化学成分

不锈钢代号	物理性能							
	平均线膨胀系数/10^{-6}℃$^{-1}$				热导率/W·(m·K)$^{-1}$		比热容(0~100℃)/10^3J·(kg·K)$^{-1}$	电阻率/MΩ·cm
	0~100℃	0~316℃	0~538℃	0~649℃	100℃	500℃		
S30408	16.3	17.8	18.4	18.7	16.29	21.48	0.50	72

不锈钢代号	化学成分(质量分数,%)						
	C	Mn	Si	Cr	Ni	P	S
S30408	≤0.08	≤2.00	≤0.75	18.0~20.0	8.0~10.5	≤0.035	≤0.02

由于铬镍奥氏体不锈钢含有较高的铬，可形成致密的氧化膜，故具有良好的耐蚀性。当铬的质量分数为18%、镍的质量分数为8%时，基本上能得到均匀的奥氏体组织。铬和镍含量越高，奥氏体组织越稳定，耐蚀性就越好。奥氏体不锈钢具有良好的耐蚀性、塑性及高温性能；由于具有较高的变形能力，故冷加工时不会产生任何的淬火硬化，总的来说焊接性良好。但在焊接过程中，对于不同类型的奥氏体不锈钢，奥氏体从高温冷却到室温时，随着 C、Cr、Ni、Mo含量的不同、金相组织转变的差异及稳定化元素Ti、Nb、Ta的变化，焊接材料与工艺的不同，焊接接头各部位可能出现下述一种或多种问题，在实际焊接工艺方法的选择及焊接材料的匹配方面应予以足够的重视。

（一）焊接接头的热裂纹

与其他不锈钢相比，奥氏体不锈钢具有较高的热裂纹敏感性，在焊缝及近缝区都有可能出现热裂纹。最常见的是焊缝区的凝固裂纹；靠近熔合线近缝区的液化裂纹（在多层多道焊缝中，层道间也有可能出现液化裂纹）；焊缝金属凝固结晶完了的高温区的高温失塑裂纹。

1. 产生热裂纹的原因

奥氏体不锈钢焊接接头具有较高的热裂纹敏感性，这主要取决于其化学成分、组织与性能。

（1）化学成分　奥氏体不锈钢中的镍易与硫、磷等杂质形成低熔点共晶物，如Ni_3S_2共晶物

的熔点为645℃，Ni−Ni_3P共晶物的熔点为880℃，比Fe−S、Fe−P共晶物的熔点更低，危害性也更大。硅在含镍较高的钢中极易偏析，钢中含镍量越高，对热裂纹的促进作用越明显。因此，解决高镍25−20型奥氏体不锈钢的热裂纹，还是个难度较大的课题。

（2）组织　奥氏体不锈钢焊缝易形成方向性很强的粗大柱状晶组织，在凝固结晶过程中，一些杂质元素及合金元素，如S、P、Sn、Sb、Si、B、Nb易于在晶间形成低熔点的液态膜，增加热裂纹的敏感性。

（3）性能　奥氏体不锈钢的物理特性是热导率小、线膨胀系数大，因此在焊接局部加热和冷却条件下，焊接接头部位的高温停留时间较长，焊缝金属及近缝区在高温承受较高的拉应力与拉应变，促使焊接热裂纹的产生。

2. 防止焊接接头产生热裂纹的主要措施

（1）冶金措施

1）严格控制焊缝中有害杂质元素的含量。钢中的含镍量越高，对S、P、B等有害元素的控制应越严格。对于不允许存在铁素体的纯奥氏体焊缝，可以加入适量的Mn，少许的C、N，同时减少硅的含量。

2）调整焊缝化学成分。在焊缝金属或母材中加入一定数量的Cr、Mo、V等铁素体化元素，使焊缝金属出现奥氏体−铁素体双相组织，能有效地防止焊接热裂纹的产生。如图2−4所示，少量的铁素体在焊缝中呈孤岛状，可妨碍奥氏体相的枝晶发展，从而产生一定的细化晶粒和打乱结晶方向的作用。同时，少量的铁素体能溶解杂质以减少偏析；分散和隔开低熔点的杂质，避免低熔点杂质呈连续网状分布，从而阻碍热裂纹扩展和延伸。因此铁素体的存在对抗热裂纹是有利的。试验证明，铁素体相的体积分数为5%~20%时，热裂纹倾向最小。

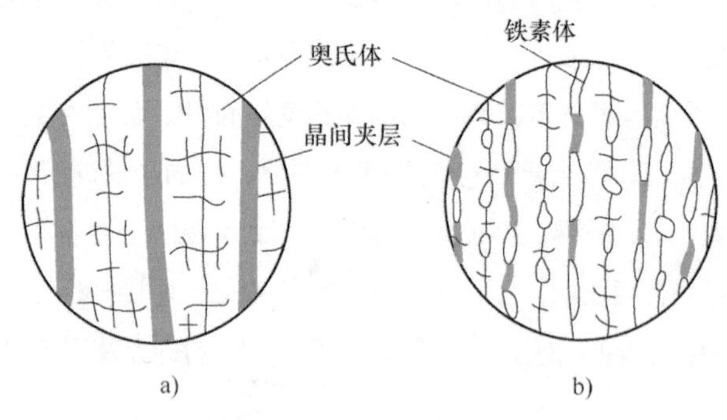

图2−4　铁素体相在奥氏体基体上的分布

a）单相奥氏体　b）奥氏体+铁素体

3）控制焊缝金属中的铬镍比。对于18−8型不锈钢来说，当焊接材料的铬镍比小于1.61时，就易产生热裂纹；而铬镍比达到2.3~3.2时，就可以防止热裂纹的产生。这本质上也是为了保证存在一定量的铁素体。

（2）工艺措施

1）焊接时应选用小电流、快速焊来减小单位长度的热输入。减小热输入，可降低熔池温度，减少偏析的量；可提高冷却速度，便于生成更多的残余铁素体；可减少熔池金属，从而降低结晶凝固时的应变量；有利于减少粗大枝晶的形成等，这些都有利于降低裂纹敏感性。

2）在多层焊时，为使奥氏体不锈钢的高温停留时间尽量短，以防其晶粒长大，须等前一层焊缝冷却后再进行后一层的焊接，层间的温度控制在150℃以下。厚板焊接时，为加快冷却，可从焊缝背面喷水或用压缩空气吹焊缝表面，但层间必须注意清理，防止压缩空气污染焊接区。施焊过程中焊条不允许摆动，采用窄焊缝的操作技术。

3）降低接头的刚度和拘束度。为了减少结晶过程中的收缩应力，在接头设计和焊接顺序方面尽量降低接头的刚度和拘束度。例如：在设计时减小结构的板厚，合理布置焊缝；在施工时合理安排焊件的装配顺序和每条焊缝的先后顺序，避免每条焊缝在刚性拘束状态下焊接，设法让每条焊缝有较大的收缩自由。

（二）焊接接头的晶间腐蚀

根据母材类型和所采用焊接材料与焊接工艺不同，奥氏体不锈钢焊接接头的晶间腐蚀可能发生在焊缝区、HAZ敏化区（600~1000℃）和熔合区，如图2-5所示。

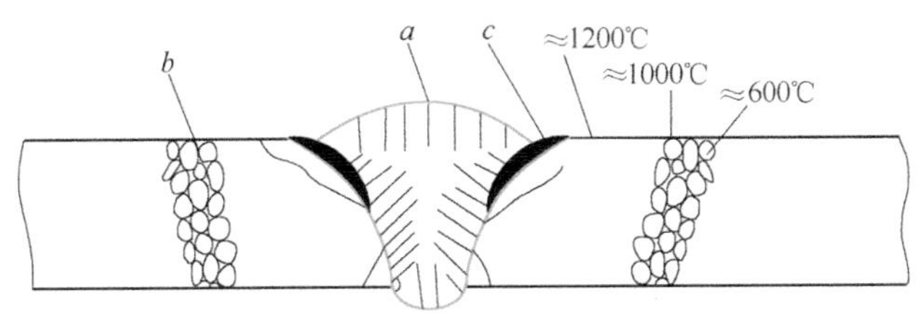

图2-5　奥氏体不锈钢焊接接头

a—焊缝区　*b*—HAZ敏化区　*c*—熔合区

1. 奥氏体不锈钢产生晶间腐蚀的原因

奥氏体不锈钢在固溶状态下碳以过饱和形式溶于γ固溶体，加热时过饱和的碳以$Cr_{23}C_6$的形式沿晶界析出。$Cr_{23}C_6$的析出消耗了大量的铬（$Cr_{23}C_6$中$w_{Cr}>90\%$），因而使晶界附近w_{Cr}降到低于钝化所需的最低量（12%），形成了贫铬层。贫铬层的电极电位比晶粒内低得多。当金属与腐蚀介质接触时，就形成了微电池。电极电位低的晶界成为阳极，被腐蚀溶解形成晶间腐蚀。

奥氏体不锈钢在加热到450~850℃时，对晶间腐蚀最为敏感。这是因为当温度低于450℃时，碳原于活动能力很弱，$Cr_{23}C_6$析出困难而不会形成贫铬层；当温度高于850℃时，晶粒内部的铬获得了足够的动能，扩散到晶界，从而使已形成的贫铬层消失。在450~850℃之间，既有利于$Cr_{23}C_6$的析出，晶粒内的铬原子又不能扩散到晶界，最容易形成贫铬层，对晶间腐蚀也最敏感。一般450~850℃温度范围被称为敏化温度区间。

根据奥氏体不锈钢产生晶间腐蚀的规律，焊接接头在冷却过程中，若在敏化温度区间停留一定时间，接头的耐晶间腐蚀能力将降低。整个接头中，焊缝和峰值温度在600~1000℃的热影响区两个部位对晶间腐蚀最为敏感，后者称为敏化区。

2. 防止焊接接头产生晶间腐蚀的措施

（1）冶金措施

1）降低母材和焊缝中的含碳量。碳是造成晶间腐蚀的主要元素。碳的质量分数在0.08%以下时，能够析出碳的数量较少；碳的质量分数在0.08%以上时，析出碳的数量迅速增加，所以常控制基体金属和焊条中碳的质量分数在0.08%以下，如S30408、E308−15和E347−15焊条等。另外，若奥氏体不锈钢中碳的质量分数小于0.03%时，则全部的碳都溶解在奥氏体中，即使在450~850℃时加热或工作也不会形成贫铬层，也不会产生晶间腐蚀。通常所说的超低碳不锈钢（如S30403、S31603、E308L−16焊条），碳的质量分数都小于0.03%，都不会产生晶间腐蚀。

2）在钢中加入稳定的碳化物形成元素，改变碳化物的类型。如向钢中加入与碳亲和力大于铬的钛、铌、钽等时，这些元素将优先与碳结合，从而避免了贫铬层的产生。为此目的而加入的合金元素称为稳定剂，在实际应用中以钛、铌最为普遍，如S32168、S34778及焊丝H06Cr19Ni10Ti、H06Cr20Ni10Nb等。

3）改变焊缝的组织状态。在焊缝中加入铁素体形成元素，如铬、硅、铝、钼等，焊缝形成奥氏体加铁素体的双相组织。铬在铁素体中的扩散速度比在奥氏体中快，因此铬在铁素体内较快地向晶界扩散，减轻了奥氏体晶界的贫铬现象。一般控制焊缝金属中铁素体的体积含量为5%~10%，如铁素体过多，也会使焊缝变脆。

（2）工艺措施

1）选择合适的焊接方法。采用热量集中的焊接方法，根据不同的板厚可选择钨极氩弧焊、等离子弧焊、熔化极气体保护焊、焊条电弧焊和埋弧焊等，使焊缝和热影响区在450~850℃的停留时间尽量缩短。

2）在能保证焊接质量的前提下，焊接参数尽量采用小的焊接电流、快的焊接速度。

3）在焊接操作时，尽量采用窄焊缝，一次焊成的焊缝不宜过宽，一般不超过焊条直径的三倍。采用多层多道焊时，每焊完一层要彻底清除焊渣，并控制层间温度，等到前层焊缝冷却后（≤150℃），再焊接下一层。与腐蚀介质接触的焊缝，为防止由于过热而产生晶间腐蚀，应尽量最后焊接。

4）采用强制冷却，奥氏体不锈钢不会产生淬硬现象，所以在焊接过程中，可以设法增加焊接接头的冷却速度，如采用在焊缝背面加铜衬垫或直接浇水等措施使接头快速冷却。

5）对焊接接头进行固溶处理，即在焊后把焊接接头加热到1050~1100℃，此时碳又重新溶解入奥氏体中，然后迅速冷却，稳定奥氏体组织。固溶处理后，奥氏体不锈钢具有最低的强度和硬度，最好的耐蚀性，是防止晶间腐蚀的重要手段。出现敏化现象的奥氏体不锈钢可再次采用固溶处理来消除晶间腐蚀倾向。

6）进行稳定化处理。稳定化处理是针对含稳定剂的奥氏体不锈钢而设计的一种热处理工艺。奥氏体不锈钢中加稳定剂（Ti或Nb）的目的是让钢中的碳与Ti或Nb形成稳定的TiC或NbC，而不形成$Cr_{23}C_6$，从而防止晶间腐蚀。稳定化处理的加热温度高于$Cr_{23}C_6$的溶解温度，低于TiC或NbC

的溶解温度，一般为850~900℃，并保温2~4h。稳定化处理也可用于消除因敏化加热而产生的晶间腐蚀倾向。

（三）焊接接头的刀状腐蚀

1. 产生原因

刀状腐蚀是焊接接头中特有的一种晶间腐蚀，只发生于含有稳定剂钛、铌的奥氏体不锈钢（如S32168、S34778等）的焊接接头中。腐蚀部位在热影响区的过热区，开始时宽度只有3~5个晶粒，逐渐可扩大到1.0~1.5mm。腐蚀一直深入到金属内部，因形状似刀刃而得名，如图2-6所示。

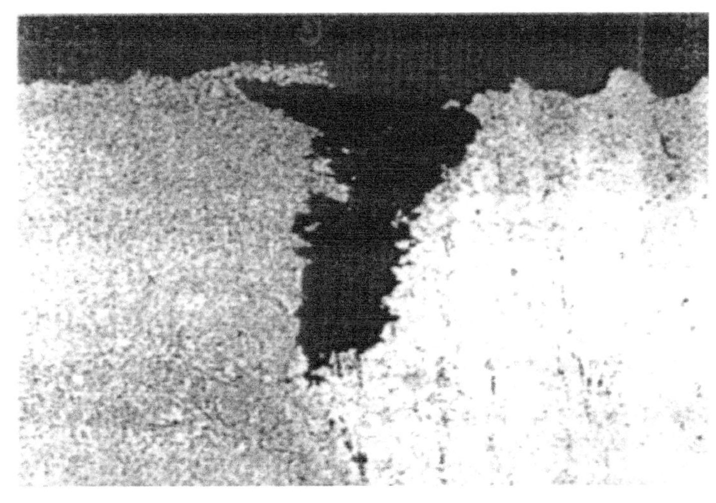

图2-6　不锈钢焊接接头的刀状腐蚀形貌

焊接时，过热区的峰值温度高达1200℃以上，钢中的TiC、NbC等碳化物溶入奥氏体，分解出的碳在冷却过程中偏聚在晶界形成过饱和状态，而钛则因扩散能力远比碳低而留于晶粒内。当接头在敏化温度区间再次加热时，过饱和的碳在晶界以$Cr_{23}C_6$形式析出，在晶界形成贫铬层，从而使耐腐蚀能力降低。

刀状腐蚀一般发生在焊后再次在敏化温度区间加热时，即高温过热与中温敏化连续作用的条件下，产生的原因也和$Cr_{23}C_6$析出后形成的贫铬层有关。

2. 防止刀状腐蚀的措施

（1）降低含碳量　最好采用超低碳不锈钢。对于稳定化不锈钢，要求$w_C \leqslant 0.06\%$。

（2）减少近缝区过热　尽量选用较小的热输入，以减少过热区在高温停留的时间。

（3）合理安排焊接顺序　刀状腐蚀不仅产生于焊后在敏化温度区再加热时，而且在多层焊与双面焊时后一条焊缝的热作用有可能对先焊焊缝的过热区起到敏化温度再加热的作用，在与腐蚀介质接触时，也会产生刀状腐蚀。焊条电弧焊焊缝重叠处的热影响区，也会出现类似情况。为此，双面焊时，与腐蚀介质接触的焊缝应尽可能最后焊接，如不能实施，则应调整焊接参数及焊缝形状，尽量避免与腐蚀介质接触的过热区再次敏化加热，如图2-7所示。与腐蚀介质接触的焊缝无法最后焊接时，应调整焊接参数，使后焊焊缝的敏化区不要与第一面焊缝表面的过热区重合。

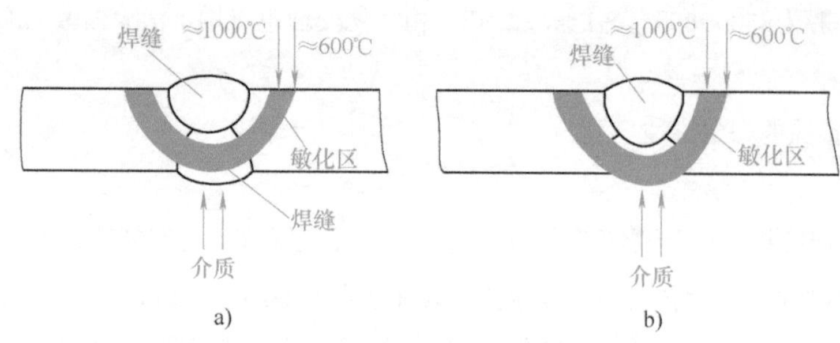

图2-7　第二面焊缝的敏化区对刀状腐蚀的影响

a）敏化区与腐蚀介质不接触　b）敏化区与腐蚀介质接触

（四）应力腐蚀开裂（SCC）

金属在拉应力和特定腐蚀性介质共同作用下，所发生的腐蚀破坏称为应力腐蚀开裂。

1. 产生原因

纯金属一般没有应力腐蚀开裂倾向，而在不锈钢中，奥氏体不锈钢比铁素体不锈钢或马氏体不锈钢对应力腐蚀更为敏感。

拉应力的存在是产生应力腐蚀开裂的必要条件。奥氏体不锈钢由于导热性差、线膨胀系数大、屈服强度低，焊接时容易变形。当焊接变形受到限制时，焊接接头中势必会残留较大的焊接残余应力，加速腐蚀介质的作用。

不锈钢在使用条件下产生应力腐蚀开裂的影响因素很多，包括钢的成分、组织和状态，介质的种类、温度、浓度，应力的性质、大小及结构特点等。

2. 防止应力腐蚀开裂的措施

防止应力腐蚀开裂往往要从多方面采取措施。

（1）正确选用材料　根据介质特性，选用对应力腐蚀开裂敏感性低的材料是防止应力腐蚀开裂最根本的措施。

（2）消除产品的残余应力　消除或减少结构或部件中的残余应力，是降低奥氏体不锈钢应力腐蚀开裂敏感性的重要措施。可采取消除应力热处理及采用机械的方法降低表面残余应力或造成压应力（如进行喷丸处理）状态。

（3）对材料进行防蚀处理　通过电镀、喷镀、衬里等方法，利用金属或非金属覆盖层将金属与腐蚀介质隔离。

（4）改进结构及接头设计　由于设计得不合理，往往会形成较大的应力集中或在制造中产生较大的残余应力。有时由于设备或容器中留有缝隙，引起腐蚀介质的停滞、聚集或局部过热现象。这些都是产生应力腐蚀开裂的重要条件。设计时要尽量采用对接接头，避免十字交叉焊缝，单V形坡口改为双Y形坡口。

四、内筒体的焊接工艺要点

（一）焊前准备

为了保证焊接接头的耐蚀性，防止焊接缺陷，在焊前准备中对下列问题应特别注意。

1. 下料方法的选择

奥氏体不锈钢中Cr含量比较高，用一般的氧乙炔焰切割有困难，可采用机械切割、等离子弧切割或炭弧气刨等方法进行下料或坡口加工。

机械切割最常用的有剪切、刨削等，一般只限于切割直线。剪切下料时，由于奥氏体不锈钢韧性高，容易冷作硬化，所需剪切力比剪切相同厚度的低碳钢应大1/3左右。等离子弧切割的切割表面光滑、割缝窄，切割速度高，最大切割速度可达100mm/min，是切割奥氏体不锈钢最理想的切割方法。炭弧气刨具有设备简单、操作灵活等优点，特别适用于开孔、铲焊根、焊缝返修等场合。但若操作不当，很容易在切割表面引起“粘渣”或“粘碳”，直接影响钢的耐蚀性。

2. 焊前清理

为了保证焊接质量，焊前应将坡口及其两侧20~30mm范围内的焊件表面清理干净。如有油污，可用丙酮或酒精等有机溶剂擦拭，而不应用钢丝刷或砂布进行清理。对表面质量要求特别高的焊件，应在适当范围内涂覆白垩粉调制的糊浆，以防止飞溅金属损伤不锈钢表面。

3. 表面保护

在搬运、坡口制备、装配及定位焊过程中，应注意避免损伤钢材表面，以免使产品的耐蚀性降低，如不允许用利器划伤钢材表面及随意到处引弧等。

（二）焊接方法和焊接材料的选择

奥氏体不锈钢几乎可以采用所有的熔焊方法，如焊条电弧焊、钨极氩弧焊、熔化极气体保护焊、埋弧焊等。焊接材料选用的基本原则是与母材同化学成分。

1. 焊条电弧焊

焊条电弧焊是最常用的焊接方法，具有操作灵活、方便等优点。为提高焊缝金属抗热裂纹能力，宜选择碱性药皮的焊条；对于耐蚀性要求高、表面成形要求好的焊缝，宜选用工艺性能良好的钛钙型药皮的焊条。焊条电弧焊对接焊缝焊接参数见表2-9。

表 2-9 焊条电弧焊对接焊缝焊接参数

板厚/mm	坡口形式	焊接位置	层数	坡口尺寸			焊接电流/A	焊接速度/mm·min^{-1}	焊条直径/mm
				间隙/mm	钝边/mm	坡口角度/(°)			
2	I	平焊	2	0~1	—	—	40~60	140~160	2.6
			1	2	—	—	80~110	100~140	3.2
			1	0~1	—	—	60~80	100~140	2.6
3	I	平焊	2	2	—	—	80~110	100~140	3.2
			1	3	—	—	110~150	150~200	4
			1	2	—	—	90~110	140~160	3.2

（续）

板厚/mm	坡口形式	焊接位置	层数	坡口尺寸			焊接电流/A	焊接速度/mm·min^{-1}	焊条直径/mm
				间隙/mm	钝边/mm	坡口角度/(°)			
5	I	平焊	2	3	—	—	80~110	120~140	3.2
	I	平焊	2	4	—	—	120~150	140~180	4
	V	平焊	2	2	2	75	90~110	140~180	3.2
6	V	平焊	4	0	—	80	90~140	160~180	3.2、4
		平焊	3	4	—	60	140~180	140~150	4、5
		平焊	3	2	2	75	90~140	140~160	3.2、4
9	V	平焊	4	0	2	80	130~140	140~160	4
		平焊	3	4	—	60	140~180	140~160	4、5
		平焊	3	2	2	75	90~140	140~160	3.2、4
12	V	平焊	5	0	2	80	140~180	120~180	4、5
		平焊	4	4	—	60	140~180	120~160	4、5
		平焊	3	2	2	75	90~140	130~160	3.2、4

依据GB/T 983—2012《不锈钢焊条》，有酸性焊条（钛钙型药皮）和碱性焊条（低氢型药皮）两大类。酸性焊条烘干温度为150℃、保温1h；碱性焊条烘干温度为250℃、保温1h。

低氢型不锈钢焊条的抗热裂性较高，但成形不如钛钙型不锈钢焊条，耐蚀性也较差。钛钙型不锈钢焊条具有良好的工艺性能，生产中应用较多。

各种不锈钢在不同使用条件下应选用不同型号的焊条，见表2-10。

由于奥氏体不锈钢的电阻率较大，焊接时产生的电阻热也大，所以同样直径的焊条，焊接电流值应比采用低碳钢焊条时降低20%左右，否则焊接时由于药皮的迅速发红失去保护而无法焊接。

表 2-10　常用奥氏体不锈钢焊条的选用

钢材牌号	工作条件及要求	选用焊条
S30408	工作温度低于300℃,同时要求良好的耐蚀性	E308-16; E308-15; E308L-16
S32168	要求良好的耐蚀性及采用含钛稳定的Cr18Ni9型不锈钢	E347-16; E347-15

（续）

钢材牌号	工作条件及要求	选用焊条
S31668	耐无机酸、有机酸、碱及盐腐蚀	E316-16; E316-15; E316L-16
	要求良好的耐晶间腐蚀性	E316-16; E316L-16
S31688	在硫酸介质中要求更好的耐蚀性	E316CuL-16
S31008	高温工作(工作温度低于1100℃),不锈钢与碳钢的焊接	E310-16; E310-15

2. 熔化极惰性气体保护焊

焊接时的保护气体可采用纯Ar，Ar+O_2（CO_2）或Ar+He+CO_2混合气。在Ar中加入体积分数为1%的O_2或2%~3%的CO_2，可以细化熔滴，易于实现射流过渡，提高电弧的稳定性。

焊接采用直流电源反接（焊丝接正极），焊接电流为相同直径的碳素钢焊丝的80%。熔化极惰性气体保护焊对接焊缝焊接参数见表2-11。

表2-11　熔化极惰性气体保护焊对接焊缝焊接参数

板厚/mm	坡口形式	焊接位置	层数	坡口尺寸		焊接			焊丝		氩气流量/L·min^{-1}	备注
				间隙/mm	钝边/mm	焊接电流/A	电弧电压/V	焊接速度/mm·min^{-1}	直径/mm	送进速度/m·min^{-1}		
4	I	平焊	1	0~2	—	200~240	22~26	400~550	1.6	3.5~4.5	14~18	垫板
		立焊		0~2	—	180~220	22~25	350~500		3~4		
6	I	平焊	2	0~2	—	220~260	22~26	300~500	1.6	4~5	14~18	反面清根焊
		立焊				200~240	22~25	250~450		3.5~4.5		
	V	平焊	2	0~2	0~2	220~260	22~26	300~500	1.6	4~5	14~18	垫板
		立焊				200~240	22~25	250~450		3.5~4.5		
12	V	平焊	5	0~2	0~2	240~280	24~27	200~350	1.6	4.5~6.5	14~18	反面清根焊
		立焊	6			220~260	23~26	200~400		4~5		
		平焊	4	0~2	0~2	240~280	24~27	200~350	1.6	4.5~6.5	14~18	垫板
		立焊	6			220~260	23~26	200~400		4~5		

3. 钨极氩弧焊

钨极氩弧焊焊接热输入很低，特别适合焊接对过热敏感的各种奥氏体不锈钢。这种方法的主要缺点是生产率较低、成本高，一般只用于焊接6mm以下的薄板或打底焊。钨极氩弧焊对接焊缝焊接参数见表2-12。

表 2-12 钨极氩弧焊对接焊缝焊接参数

板厚/mm	坡口形式	焊接位置	层数	坡口尺寸		电极直径/mm	焊接电流/A	焊接速度/$mm \cdot min^{-1}$	焊丝直径/mm	氩气		备注
				间隙/mm	钝边/mm					流量/$L \cdot min^{-1}$	孔径/mm	
1	I	平焊	1	0	—	1.6	50~80	100~120	4	4~6	11	单面焊
		立焊						80~100				
4	I	平焊	2	0~2	1.6~2	2.4	150~200	100~120	3.2~4	6~10	11	双面焊
		立焊						80~120				
6	V	平焊	3	0~2	0~2	2.4	150~200	100~150	3.2~4	6~10	11	反面清根焊
		立焊	2					80~120				
		平焊	2	0~2			180~230	100~150				垫板
		立焊	2					100~150				
12	V	平焊	6	0~2	0~2	2.4	150~200	150~200	3.2~4	6~10	11	反面清根焊
		立焊	8									
		平焊	6	0~2			200~250	100~200			11~13	垫板
		立焊	8									

4. 埋弧焊

埋弧焊是一种深熔、高熔敷率的焊接方法，具有较高的经济性，可用来焊接5mm以上的大多数奥氏体不锈钢。埋弧焊具有热输入高、熔池尺寸大、冷却和凝固速度较低等特点，加剧了合金元素的偏析，使热裂纹倾向加大；同时，在冷却过程中还可能因在敏化温度区间停留时间较长，导致耐晶间腐蚀能力下降。因此，在焊接对耐蚀性要求较高的产品时应慎用。常用埋弧焊焊接参数见表2-13。

埋弧焊时，铬、镍元素的烧损可由焊丝或焊剂补偿。熔炼焊剂有HJ150、HJ260、HJ151、HJ172，烧结焊剂有SJ601、SJ641。

5. 二氧化碳气体保护焊

二氧化碳气体保护焊不适合焊接奥氏体不锈钢，因为二氧化碳气体保护焊焊接时会使焊缝增碳。当焊丝中的w_C<0.1%时，可使焊缝增碳0.02%~0.04%（质量分数），对接头耐蚀性不利。

表 2-13　常用埋弧焊焊接参数

<table>
<tr><th rowspan="2">坡口形式</th><th rowspan="2">板厚/mm</th><th rowspan="2">坡口角度/(°)</th><th rowspan="2">正面坡口深度/mm</th><th rowspan="2">反面坡口深度/mm</th><th rowspan="2">钝边/mm</th><th colspan="3">正面焊道</th><th colspan="3">反面焊道</th><th rowspan="2">焊丝直径/mm</th></tr>
<tr><th>焊接电流/A</th><th>电弧电压/V</th><th>焊接速度/cm · min^{-1}</th><th>焊接电流/A</th><th>电弧电压/V</th><th>焊接速度/cm · min^{-1}</th></tr>
<tr><td rowspan="3">I</td><td>6</td><td rowspan="3">0</td><td rowspan="3">0</td><td>6</td><td rowspan="3">0</td><td>400</td><td>28</td><td>80</td><td>450</td><td>30</td><td>70</td><td rowspan="5">4.0</td></tr>
<tr><td>9</td><td>9</td><td>550</td><td>29</td><td>70</td><td>600</td><td>30</td><td>60</td></tr>
<tr><td>12</td><td>12</td><td>600</td><td>30</td><td>60</td><td>700</td><td>32</td><td>50</td></tr>
<tr><td rowspan="2">X</td><td>16</td><td rowspan="2">80</td><td>5</td><td>6</td><td>5</td><td>500</td><td rowspan="2">32</td><td rowspan="2">50</td><td>650</td><td rowspan="2">32</td><td rowspan="2">40</td></tr>
<tr><td>20</td><td>7</td><td>7</td><td>6</td><td>600</td><td>800</td></tr>
</table>

6. 等离子弧焊

等离子弧焊也属于惰性气体保护的熔焊方法。由于等离子弧焊能量集中、焊件加热范围小、焊接速度快、热能利用率高及热影响区窄等特点，对提高接头的耐蚀性、改善接头组织非常有利。

7. 焊接材料

对于工作在高温条件下的奥氏体不锈钢，焊接材料选择的原则是在无裂纹的前提下，保证焊缝金属的热强性与母材基本相同，这就要求其合金成分大致与母材成分匹配，同时应当考虑焊缝金属中铁素体含量的控制。对于长期在高温条件下工作的奥氏体不锈钢焊接接头，铁素体的体积分数不应超过 5%，以免出现脆化。在铬、镍的质量分数均大于20%的奥氏体不锈钢中，为获得抗裂性好的纯奥氏体组织，选用w_{Mn}=6%~8%的焊接材料是一种行之有效且经济的解决办法。

对于在腐蚀介质下工作的奥氏体不锈钢和双相不锈钢，主要按腐蚀介质和耐蚀性要求来选择焊接材料，一般选用与母材成分相同或相近的焊接材料。由于含碳量对耐蚀性有很大影响，因此熔敷金属的含碳量不要高于母材。腐蚀性弱或仅为避免锈蚀污染的设备，可选用含Ti 或Nb等稳定化元素或超低碳焊接材料；对于耐酸腐蚀性要求较高的焊件，常选用含 Mo 的焊接材料。

（三）焊接工艺要点

1. 焊前不预热

由于奥氏体不锈钢有较好的塑性，冷裂倾向较小，因此一般不预热。为了防止晶间腐蚀，应严格控制层间温度，待上一层焊道冷却到150℃以下再焊下一层焊道。

2. 防止焊接接头过热

由于奥氏体不锈钢的电阻率较大，焊接时产生的电阻热也大，所以采用同样直径的焊条，焊接电流值应比采用低碳钢焊条时降低20%左右，电弧不宜过长，快速焊，在条件允许时应采用强制冷却的方法冷却焊道。如焊完一道后马上喷水或把焊件放入水中，也可采用压缩空气冷却焊缝。与腐蚀介质接触的焊缝，为防止由于过热而产生晶间腐蚀，应尽量最后焊接。

3. 保证焊件表面完好无损

避免碰撞损伤；不要在焊件上随便引弧，以免损伤焊件表面，影响耐蚀性；电源地线应与焊件紧密接触，以免引弧时形成弧坑而影响耐蚀性。

4. 焊后热处理

一般情况下，奥氏体不锈钢不进行焊后热处理。如果焊件工作温度高于450℃且介质腐蚀性强，即对焊件耐蚀性要求较高时，可进行焊后固溶处理或稳定化退火。如果整体无法退火时，可对焊缝进行局部退火。

（四）焊缝的酸洗及钝化处理

不锈钢焊后，焊缝必须进行酸洗及钝化处理。酸洗的目的是去除焊缝及热影响区表面的氧化皮；钝化的目的是使酸洗的表面形成一层无色的致密氧化膜，起耐蚀作用。

常用酸洗的方法有两种，即酸液酸洗和酸膏酸洗。酸液酸洗又分为浸洗和刷洗。浸洗法适用于较小焊件，将焊件在酸洗槽中浸泡25~40min，取出后用清水冲净。刷洗法适用于大型焊件，用刷子或拖布反复刷洗焊件，呈白亮色后，用清水冲净。

酸膏酸洗适用于大型结构，将配制好的酸膏敷于结构表面，停留几分钟后再用清水冲净。

酸洗前须进行表面清理及修补，包括修补表面损伤、彻底清除焊缝表面残渣及焊缝附近表面的飞溅物。

钝化在酸洗后进行，用钝化液在焊件表面涂一遍，然后用冷水冲，再用拖布仔细擦洗，最后用温水冲洗干净并干燥。经钝化处理后的焊件表面呈银白色，具有较好的耐蚀性。

酸洗液（膏）及钝化液配方如下（配方中的百分含量均为体积分数）。

（1）浸洗酸液配方　硝酸20%，氢氟酸5%，其余为水。酸洗温度为室温。

（2）刷洗酸液配方　50%盐酸+50%水。

（3）酸膏配方　盐酸（密度1190kg／m^3）20mL，水100mL，硝酸30mL，膨润土150g。

（4）钝化液配方　硝酸5%，重铬酸钾2%，其余为水。钝化温度为室温。

配制时，应注意先加水后加酸，先加盐酸后加硝酸，并应穿戴好防酸用品，以防灼伤。

五、编制内筒体的焊接工艺

根据焊接技术员的分组，每个小组讨论可以选择的焊接方法，并根据虚拟车间现有的常用焊接设备，每位技术员编制一种焊接方法的焊接工艺。技术员一定要认真分析内筒体（S30408）对接焊缝的特点，根据相关法规和标准的要求，按照表1-17中的格式编制焊接工艺卡，可以适当修改、增加或取消部分内容，但尽量要符合生产的需要。

课内小组交流、讨论并修改焊接工艺。

六、按照工艺焊接试件

（一）焊前准备

（1）材料准备　准备符合国家标准的S30408不锈钢板、按照焊接工艺卡选择焊接材料等，并按照要求清理、烘干保温等。

（2）用具准备　准备手套、面罩、榔头、錾子、尖嘴钳、三角铁、锉刀、钢刷、记录笔和纸、计时器等。

（3）设备准备　根据选择的焊接方法选择焊接设备、切割机、台虎钳等。

6mmS30408 不锈钢板平对接钨极氩弧焊

Φ38×6mm 不锈钢管 45°固定位置的钨极氩弧焊

（4）测量工具准备　准备坡口角度尺、焊缝测量尺等。

（5）定位焊

1）坡口表面要求。坡口表面不得有裂纹、分层、夹杂等缺陷。

2）施焊前，应清除坡口及母材两侧20mm范围内的氧化物、油污、焊渣及其他有害杂质。

3）定位错边量应符合相应规定。

4）适当增加定位焊缝的截面和长度。定位焊时适当加大焊接电流，降低焊接速度。

（二）焊接操作

焊接时严格按照编制的焊接工艺卡进行焊接，对焊前、焊接过程及焊后质量进行外观检查，并且做好详细的焊接记录（焊接记录表格式与表1-18相同）。

七、分析焊接质量并完善焊接工艺

（一）常见焊接缺陷分析

1）不锈钢焊后焊缝表面的颜色是蓝色或紫色，说明焊接时的焊接热输入太大，主要原因是焊接速度太慢或电弧太长。

2）焊后试板变形大，这是因为奥氏体不锈钢的热导率大约只有低碳钢的一半，而线膨胀系数却大得多，所以焊后在接头中易产生较大的焊接内应力。

（二）完善焊接工艺

根据焊接操作过程、焊接参数选用特点和焊后焊接质量的外观检查，小组讨论、交流，完善焊接工艺。

复习思考题

一、选择题

1. 奥氏体不锈钢的固溶处理是将焊接接头加热到（　），使碳重新溶入奥氏体中。

A. 1050~1100℃　　B. 1150~1200℃　　C. 900~1000℃

2. 奥氏体不锈钢焊接时，易形成晶间腐蚀的温度区间是（　）。

A. 250~450℃　　B. 450~850℃　　C. 850~1100℃

3. 不锈钢06Cr19Ni10中的“19”表示（　）。

A. 平均铬的质量分数为18.50%~19.49%　　B. 平均铬的质量分数为0.19%

C. 平均铬的质量分数为19%　　D. 平均铬的质量分数为1.9%

4. 在钢材及焊接材料中加入Ti、Nb，能提高钢材的（　）性能。

A. 淬透性　B. 耐晶间腐蚀　C. 抗冲击

5. 形成和稳定铁素体的元素是（　）。

A. Cr　B. Ni　C. Mn　D. N

6. 对提高钢的耐点蚀有显著效果的元素是（　）。

A. Cr　B. Ni　C. Mn　D. Mo

7.（　）不是奥氏体不锈钢焊接接头产生裂纹的主要原因之一。

A. 奥氏体不锈钢的线膨胀系数大　B. 奥氏体不锈钢的电阻率大

C. 奥氏体不锈钢的热导率小　D. 奥氏体不锈钢的塑性好

8. 奥氏体不锈钢在（　）范围内加热后对晶间腐蚀最为敏感。

A. 300~400℃　B. 450~850℃　C.>850℃　D.<400℃

9.（　）不是防止不锈钢焊接接头产生晶间腐蚀的措施。

A. 降低含碳量　B. 加入稳定剂

C.增大焊接热输入　D. 焊后进行固溶处理

10.（　）不是防止不锈钢焊接接头产生刀状腐蚀的措施。

A. 降低含碳量　B. 加入稳定剂

C.减小焊接热输入　D. 焊后进行固溶处理

11.（　）不是防止应力腐蚀开裂的措施。

A. 降低焊接接头的残余应力　B. 对材料进行防蚀处理

C. 接头设计应避免缝隙的存在　D. 焊后进行固溶处理

12. 为了防止奥氏体不锈钢焊接热裂纹，希望焊缝金属组织是奥氏体-铁素体双相组织，其中铁素体的体积分数应控制在（　）左右。

A. 30%　B. 20%　C. 10%　D. 5%

13.（　）不是奥氏体不锈钢焊条电弧焊工艺操作必须遵循的原则。

A. 采用小热输入、小电流短弧快速焊　B. 采用多层多道焊

C. 选用碱性焊条　D. 采用焊条摆动的窄道焊

14. 引起高铬铁素体不锈钢产生脆化的原因不包括（　）。

A. 粗大的原始晶粒　B. 马氏体淬硬组织

C. 475℃脆性　D. σ相析出

二、填空题

1. 不锈钢中加入钛和铌，可防止碳与______形成碳化物，以保证钢的耐蚀性。

2. 铁素体不锈钢在焊接时产生的主要问题是______与______。

3. 按金属腐蚀的机理，可将金属的腐蚀形式分为______腐蚀和______腐蚀两大类。

三、判断题

1. 奥氏体不锈钢主要的腐蚀形式是晶间腐蚀。（　）

2. 不锈钢焊条型号中，字母E后面的数字表示熔敷金属化学成分分类代号。（　）

3. 由于奥氏体不锈钢的热裂纹倾向较大，所以即使在刚性不很大的情况下焊接时，也应适当预热。（　）

4. 奥氏体不锈钢的焊接性不能用碳当量来间接评定。（　）

5. 奥氏体钢的导热系数小，在相同的焊接电流条件下，其熔深比低合金耐热钢更小。（　）

任务四　法兰环焊接工艺编制及焊接

任务解析

通过分析耐热钢的焊接性，确定所采用的焊接方法、焊接材料，编制法兰环焊接工艺并实施，掌握耐热钢的焊接要点。

必备知识

一、法兰环的焊接结构

法兰环的材料是15CrMoR，厚度为89mm（图2-8），厚度很大，焊接拘束度大，焊接时容易产生焊接缺陷。

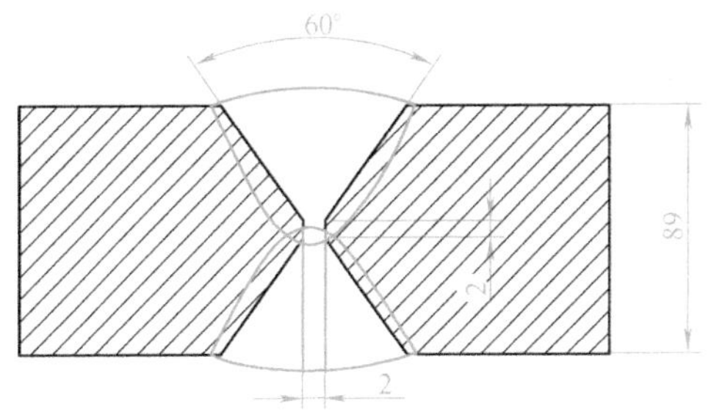

图2-8　法兰环焊接坡口图

二、法兰环金属材料特点

（一）耐热钢的分类

法兰环的材料采用15CrMoR，属于耐热钢的一种。耐热钢的种类很多，按特性分类可分为热稳定钢——在高温状态下具有抗氧化或耐气体介质腐蚀的一类钢，如常用的铬镍钢（06Cr25Ni20、16Cr25Ni20Si2等）和高铬钢（10Cr17、Cr25Ti等）；热强钢——在高温状态下既要具有抗氧化或耐气体介质腐蚀，又必须具有一定的高温强度的一类钢，主要是高铬镍钢（06Cr18Ni11Ti、06Cr25Ni20等）以及多元合金化的以Cr12为基的马氏体钢（15Cr12MoWV等）。

按合金元素的质量分数分类，耐热钢可分为：①低合金耐热钢（合金元素的质量分数为6%以下），其合金系列有C-Mo、C-Cr-Mo、C-Mo-V、C-Cr-Mo-V、C-Mn-Mo-V、C-Mn-Ni-Mo和C-Cr-Mo-Ti-B等，对于焊接结构用的低合金耐热钢，为改善其焊接性，w_C均控制在0.2%以下，某些合金成分较高的低合金耐热钢，规定其w_C不高于0.15%；②中合金耐热钢（合金元素的质量分数为6%~12%），其合金系列有C-Cr-Mo、C-Cr-Mo-V、C-Cr-Mo-Nb和C-Cr-Mo-W-V-Nb等；③高合金耐热钢（合金元素的质量分数为12%以上），其合金系列有Cr-Ni、Cr-Ni-Ti、Cr-Ni-Mo、Cr-Ni-Nb、Cr-Ni-Mo-Nb、Cr-Ni-Mo-V-Nb和Cr-Ni-Si 等。

按组织分类，耐热钢可分为贝氏体耐热钢、马氏体耐热钢、铁素体耐热钢和奥氏体耐热钢。

（二）耐热钢的性能

耐热钢最基本的性能是要求具有高温化学稳定性和优良的高温力学性能。

1. 高温化学稳定性

高温化学稳定性主要是指抗氧化性。耐热钢的抗氧化性主要取决于钢中的合金成分，因其能在钢材表面形成致密完整的氧化膜，因而具有很好的抗氧化性，如Cr、Al、Si等可提高钢的抗氧化性。Cr是提高抗氧化性的主要元素，试验表明：在650℃、850℃、950℃、1100℃条件下，若满足抗氧化性要求，则钢中w_{Cr}要分别达到5%、12%、20%、28%。

Mo、B、V等元素所生成的氧化物熔点较低，如MoO_3（95℃）、B_2O_3（540℃）、V_2O_5（658℃）容易挥发，对抗氧化性不利。

2. 高温力学性能

高温力学性能主要指热强性和高温脆化。热强性是指在高温下具有足够的强度。高温强度与室温强度的主要区别是温度和时间的双重作用。在高温条件下，原子扩散能力增强，晶界强度降低，表现为材料在远低于屈服强度的应力作用下，连续缓慢地产生塑性变形；并在远低于抗拉强度的应力作用下断裂。为了提高钢材的热强性，应采取的主要措施如下。

1）利用Mo、W固溶强化，提高原子间结合力。

2）形成稳定的第二相，主要是碳化物相（ MC、M_6C 或 $M_{23}C_6$ ）。因此，为提高热强性，应适当提高含碳量（这一点恰好与不锈钢的要求相矛盾）。如能同时加入强碳化物形成元素Nb、V等就更为有效了。

3）减少晶界和强化晶界，如控制晶粒度，加入微量细化晶粒的合金元素（B、RE）等。

高温脆化是指耐热钢在热加工或长期在高温环境下工作时，可能产生的脆化现象。除了如S41010钢在550℃附近的回火脆性、高铬铁素体钢的晶粒长大脆化以及奥氏体钢沿晶界析出的碳化物所造成的脆化之外，还有 475℃脆性及σ 相脆化。475℃脆性主要出现在w_{Cr}>15%的铁素体钢中，或出现于含较多铁素体相的钢中。在475℃附近长时间加热并缓冷，就可导致在常温或常温以下时出现脆化现象。试验研究表明，杂质增多或添加Mo、Ti等铁素体化元素，均会促进475℃脆性。消除475℃脆性的措施是在600~700℃加热保温1h后空冷，就可以恢复原有性能。

（三）耐热钢焊接接头性能的基本要求

耐热钢焊接接头性能的基本要求取决于所焊设备的运行条件、制造工艺过程和焊接结构的复杂性。为保证耐热钢焊接结构在高温、高压和各种腐蚀介质条件下长期安全运行，除了满足常温力学性能要求外，最重要的是必须具有足够的高温性能，具体要求如下。

1. 接头的等强度和等塑性

耐热钢焊接接头不仅应具有与母材基本相等的室温和高温短时强度，更重要的是应具有与母材相当的高温持久强度。耐热钢制作的焊接部件大多需经冷作、热冲压成形及弯曲等加工，焊接接头也将经受较大的塑性变形，因而应具有与母材相近的塑性变形能力。

2. 接头的抗氢性和抗氧化性

耐热钢焊接接头应具有与母材基本相同的抗氢性和抗高温氧化性。为此，焊缝金属的合金成分的质量分数应与母材基本相等。

3. 接头的组织稳定性

耐热钢焊接接头在制造过程中，特别是厚壁接头，将经受长时间多次热处理，在运行过程中则处于长期的高温、高压作用下。为确保接头性能稳定，接头不应产生明显的组织变化及由此引起的脆变或软化。

4. 接头的抗脆断性

虽然耐热钢制作的焊接结构均在高温下工作，但对于压力容器和管道，其最终的检验通常是在常温下以工作压力1.5倍的压力做液压试验或气压试验。高温受压设备准备投运前或检修后，都要经历冷起动过程。因此耐热钢焊接接头应具有一定的抗脆断性。

5. 低合金耐热钢接头的物理均一性

低合金耐热钢接头应具有与母材基本相同的物理性能。接头材料的线膨胀系数和热导率直接决定了接头在高温运行过程中的热应力，过高的热应力将导致接头提前失效。

三、法兰环的焊接性分析

法兰环的材料是15CrMoR，是以铬、钼为主要合金元素的低合金耐热钢。由于它的基体组织是珠光体（或珠光体+少量铁素体），又在高温下具有足够的强度和抗氧化性，故称为珠光体耐热钢。一般可以用于制造工作温度在500~600℃范围内的设备。

15CrMoR的化学成分见表2-14，铬和钼能提高金属的高温强度和高温抗氧化性，但它们使金属的焊接性变差。按照国际碳当量公式计算，其碳当量为0.4%~0.7%，钢材的淬硬倾向逐渐明显，需要采取适当预热和控制热输入等工艺措施。一般钢材厚度在13mm以上就必须预热。15CrMoR的力学性能见表2-15。

表 2-14　15CrMoR 的化学成分（质量分数，%）

钢号	C	Si	Mn	P	S	Cr	Mo
15CrMoR	0.12~0.18	0.15~0.40	0.4~0.7	≤0.025	≤0.010	0.80~1.20	0.45~0.60

表 2-15　15CrMoR 的力学性能

钢号	R_m/MPa	R_{eL}/MPa	A(%)	KV_2/J
15CrMoR(6~60mm)	450~590	≥295	≥19	≥47
15CrMoR(60~100mm)	450~590	≥275	≥19	≥47

低合金耐热钢在焊接中出现的问题与低碳调质钢相似，主要问题是热影响区淬硬倾向与冷裂纹敏感性、热影响区的软化；对于某些低合金耐热钢，接头还会出现再热裂纹及明显的回火脆性。

（一）热影响区淬硬倾向及冷裂纹敏感性

对于低合金耐热钢，焊后在空气中冷却时易产生硬而脆的马氏体组织，冷却速度越快，接头的硬度越大。它不仅影响焊接接头的力学性能，而且会产生很大的内应力，使热影响区有冷裂倾向。含碳量和含铬量越多，淬硬倾向越严重。当热影响区的硬度达到400HBW以上时，将显著增加焊接接头的冷裂纹敏感性。

（二）再热裂纹倾向

由于耐热钢中含有铬、钼、钒等强碳化物元素，在消除应力的敏感温度范围内（500~700℃），在残余应力较高的部位，如接头咬边、未焊透等应力集中处。这些部位在加热过程中因为应力释放，蠕变变形较大，容易出现再热裂纹。

防止措施如下。

1）选用高温塑性优于母材的焊接材料。

2）将预热温度提高到250℃以上，层间温度控制在250~300℃之间。

3）严格控制母材和焊接材料的合金成分，特别是限制V、Ti、Nb等到最低程度。

4）采用低热输入焊接工艺，缩小焊接过热区宽度，细化晶粒。

5）选用合理的热处理工艺，避免在敏感温度区停留较长时间。

6）合理设计接头的形式，降低接头的拘束度。

（三）热影响区的软化

调质钢焊后，其接头热影响区均存在软化问题。低合金耐热钢软化区的金相组织特征是铁素体加上少量碳化物，在粗视磨片上可观察到一条明显的“白带”，其硬度明显下降。软化程度与母材焊前的组织状态、焊接冷却速度和焊后热处理有关。母材合金化程度越高，硬度越高，焊后软化程度越严重。焊后高温回火不但不能使软化区的硬度恢复，硬度甚至还会稍有降低，只有经正火+回火才能消除软化问题。

软化区的存在对室温性能没有不利的影响，但在高温长期静载拉伸条件下，接头往往在软化区发生破坏。这是因为长期在高温条件下工作时，蠕变变形主要集中在软化区，容易导致在软化区断裂。

（四）回火脆性

Cr-Mo钢及其焊接接头在370~565℃温度区间长期运行过程中会发生渐进的脆变现象，称为回火脆性或高温长时脆变。这种脆变归因于钢中的微量元素，如P、As、Sb和Sn沿晶界的扩散偏析。如用2.25Cr-Mo钢和 10CrMo910钢制造的炼油设备，在332~432℃下工作30000h后，与冲击吸收能量40J对应的韧脆转变温度从-37℃提高到60℃，并最终导致灾难性脆性断裂事故。

焊缝金属回火脆化的敏感性比母材大，这是因为焊接材料中的杂质难以控制。根据试验研究结果，要获得低回火脆性的焊缝，就必须严格控制P和Si的含量，即$w_P \leqslant 0.015\%$、$w_{Si} \leqslant 0.15\%$。

四、法兰环的焊接工艺要点

（一）焊前预热

预热是焊接珠光体耐热钢的重要工艺措施。低合金耐热钢一般在预热状态下焊接，焊后大多要进行高温回火处理。多层焊时应保持层间温度不低于预热温度。焊接过程中尽量避免中断；必须中断焊接时，应采取缓冷措施，重新施焊的焊件仍需预热。焊接完毕应将焊件保持在预热温度以上数小时，然后再缓慢冷却。为了确保焊接质量，板厚为10mm以上时，不论是定位焊或正式焊接，都应预热且温度保持在150~300℃范围内。

（二）焊接方法及焊接材料的选择

原则上，凡是经过焊接工艺评定试验证实，所焊接头的性能符合相应产品技术要求的任何焊接方法都可用于低合金耐热钢的焊接。目前已在耐热钢焊接结构生产中实际应用的焊接方法有焊条电弧焊、埋弧焊、熔化极气体保护焊、电渣焊、钨极氩弧焊、电阻焊和感应加热压焊等。

焊接珠光体耐热钢选择焊接材料的原则是保证焊缝与母材具有相同的耐热性能。为此，要求焊缝的化学成分和抗拉强度与母材基本相同。焊接珠光体耐热钢所用的焊条，按用途属于钼和铬钼耐热钢焊条，按照GB/T 5118—2012《热强钢焊条》选择。常用珠光体耐热钢的焊条、预热温度和焊后热处理温度见表2-16。

表 2-16　常用珠光体耐热钢的焊条、预热温度和焊后热处理温度

材料牌号	焊接工艺		焊后热处理温度/℃
	预热温度/℃	焊条(型号)	
16Mo	200~250	E5015-1M3	690~710
12CrMo	200~250	E5515-CM	680~720
15CrMo	200~250	E5515-1CM	680~720
20CrMo	250~350	E5515-1CM	650~680
12Cr1MoV	200~250	E5515-1CMV	710~750

埋弧焊具有熔敷效率高和焊缝质量好的优点，在大厚度低合金耐热钢焊接中已得到广泛应用。它的缺点是不能在空间任何位置进行焊接，对于小直径管和薄壁焊件等埋弧焊很难发挥其应有的效率。在管道的焊接中，如不可能使用金属或陶瓷衬环而又要求焊缝背面成形的场合，则应采用钨极氩弧焊。它的缺点是焊接效率低，因此焊接厚壁管道时，常采用钨极氩弧焊打底，而采用其他焊接方法完成焊接。钨极氩弧焊的焊接气氛具有超低氢的特点，能获得纯度较高的焊缝金属，采用抗回火能力高的低硅焊丝，焊接时预热温度可相应地降低。

埋弧焊或氩弧焊选用Cr－Mo焊丝。埋弧焊选择焊丝时必须考虑熔合比对焊缝金属成分的影响。为了防止因焊缝夹渣而导致热强性降低，选用焊剂时必须限制渗锰、渗硅反应。在选用与母材成分相当的焊丝时，常选用低锰中硅中氟焊剂，如HJ250、HJ350。

熔化极气体保护焊的效率介于埋弧焊和焊条电弧焊之间。采用CO_2 或CO_2+Ar混合气体作

为保护气体也是一种低氢焊接方法。熔化极气体保护焊具有较高的工艺适应性，可采用直径为0.8mm、1.0mm的细丝实现短路过渡焊接，以完成薄板接头和根部焊道，也可采用直径为1.2mm、1.6mm 的粗丝实现喷射过渡焊接，以完成厚壁接头。当采用药芯焊丝时，则具有飞溅少、焊缝成形美观等优点。二氧化碳气体保护焊时，焊丝中的Cr、Mo、V基本不烧损，而Mn、Si烧损较严重，故应选用Mn、Si含量高于母材的焊丝，如H08CrMnSiMo、H08CrMnSiMoV等。

电渣焊是熔焊方法中效率最高的一种方法，在焊接过程中产生大量的热，对母材起到预热的作用，焊缝冷却速度缓慢，有利于氢的逸出，但焊缝及热影响区的晶粒粗大，必须经正火处理后才能使用。

（三）焊前准备

焊前准备的内容主要包括接缝边缘的切割下料、坡口加工、热切割边缘和坡口面的清理，以及焊接材料的预处理。

热切割边缘或坡口面可直接进行焊接，焊前必须清理干净热切割焊渣和氧化皮。切割面缺口应用砂轮修磨成圆滑过渡，机械加工的边缘或坡口面焊前应清除油迹等污物。对焊缝质量要求较高的焊件，焊前最好用丙酮擦净坡口表面。焊接材料在使用前应做适当预处理。埋弧焊用光焊丝的表面要清理干净，镀铜焊丝的表面积尘和污垢应仔细清理。焊条和焊剂要妥善保管，在使用前，应严格按工艺规程的规定进行烘干，这对保证焊缝金属的低氢含量至关重要。表2-17列出了常用低合金耐热钢焊条和焊剂的烘干条件。

表 2-17　常用低合金耐热钢焊条和焊剂的烘干条件

牌号	型号	烘干温度/℃	烘干时间/h	保持温度/℃
R102、R202、R302	E5003-1M3、E5503-CM、E5503-1CM	150~200	1~2	50~80
R107、R207、R307 R407、R317、R347	E5015-1M3、E5515-CM、E5515-1CM E6215-2C1M、E5515-1CMV、 E5515-2CMWVB	350~400	1~2	127~150
HJ350、HJ250、HJ380	—	400~450	2~3	120~150
SJ101、SJ301、SJ601	—	300~350	2~3	120~150

（四）焊后缓冷

焊后缓冷是焊接铬钼耐热钢必须严格遵循的原则，即使在炎热的夏季也必须做到这一点。一般焊后立即用石棉布覆盖焊缝及近缝区，小的焊件可以直接放在石棉布中。覆盖必须严实，以确保焊后缓冷。

（五）焊后热处理

焊后应立即进行热处理，其目的不仅是为了消除焊接残余应力，防止延迟裂纹，更重要的是改善组织，提高接头的综合性能（包括提高接头的高温蠕变强度和组织稳定性、降低焊缝及热影响区的硬度）。对于厚壁容器及管道，焊后常进行高温回火，即将焊件加热至600℃以上（低于

Ac_1），保温一定时间，随炉冷却到400℃，然后出炉在静止的空气中冷却。

当焊件截面尺寸较小，焊前进行适当预热的条件下，焊后可不进行热处理。

五、编制法兰环的焊接工艺

根据焊接技术员的分组，每个小组讨论可以选择的焊接方法，并根据虚拟车间现有的常用焊接设备，每位技术员编制一种焊接方法的焊接工艺。技术员一定要认真分析法兰环（15CrMoR）对接焊缝的特点，根据相关法规和标准的要求按照表1-17中的格式编制焊接工艺卡。可以适当修改、增加或取消部分内容，但尽量要符合生产的需要。

课内小组交流、讨论并修改焊接工艺。

六、按照工艺焊接试件

（一）焊前准备

（1）材料准备　准备符合国家标准的15CrMoR试板、按照焊接工艺卡选择焊接材料等，并按照要求清理、烘干保温等。

34mm 耐热钢平对接 CO_2 气体保护焊双面焊

（2）用具准备　准备手套、面罩、榔头、錾子、尖嘴钳、三角铁、锉刀、钢刷、记录笔和纸、计时器等。

（3）设备准备　根据选择的焊接方法选择焊接设备、切割机、台虎钳等。

（4）测量工具准备　准备坡口角度尺、焊缝测量尺等。

（5）定位焊

1）坡口表面要求。坡口表面不得有裂纹、分层、夹杂等缺陷。

2）施焊前，应清除坡口及母材两侧20mm范围内的氧化物、油污、焊渣及其他有害杂质。

3）定位错边量应符合相应规定。

4）适当增加定位焊缝的截面和长度。定位焊时要加大焊接电流，降低焊接速度，必要时还要预热。

（二）焊接操作

焊接时严格按照编制的焊接工艺卡进行焊接，对焊前、焊接过程及焊后质量进行外观检查，并且做好详细的焊接记录（焊接记录表格式与表1-18相同）。

七、分析焊接质量并完善焊接工艺

（一）常见焊接缺陷分析

1）必须预热后才能定位焊。

2）焊接时，尽量采用对称焊接，以减小变形。

3）尽量采用多层多道焊。

（二）完善焊接工艺

根据焊接操作过程、焊接参数选用特点和焊后焊接质量的外观检查，小组讨论、交流，完善焊接工艺。

复习思考题

一、选择题

1. 15CrMoR钢焊接，应选用（　）牌号焊条。

A. R107　　B. R307　　C. R317

2. 钢材抵抗不同介质侵蚀的能力称为（　）。

A. 导热性　　B. 抗氧化性　　C. 导电性　　D. 耐蚀性

3. 钢材在拉伸试验时所能承受的最大应力值称为（　），通常R_m表示。

A. 抗拉强度　　B. 屈服强度　　C. 冲击韧度

4. 钢材在外力作用下产生塑性变形的能力称为（　）。

A. 塑性　　B. 硬度　　C. 强度　　D. 断面收缩率

5. 钢材焊后经过（　）热处理可以细化晶粒。

A. 退火　　B. 正火　　C. 回火　　D. 淬火

6. 碳的质量分数小于（　）的钢，不易淬火形成马氏体。

A. 0.8%　　B. 0.6%　　C. 0.4%　　D. 0.25%

二、填空题

1. 耐热钢在焊接时存在的主要问题是______、______、______、______、____、______。

2. 耐热钢在850℃条件下要满足抗氧化性要求，则钢中Cr的质量分数应达到______。

3. 调质钢焊后经过______处理，可以消除接头热影响区的软化问题。

4. 要获得低回火脆性的焊缝金属，就必须严格控制P和Si的含量，即______、______。

5. 焊接珠光体耐热钢选用焊接材料的原则是______原则。

6. 当P、As、Sb和Sn沿______扩散偏析时，Cr-Mo钢及其焊接接头在370~565℃温度区间长期运行过程中会产生回火脆性。

任务五　接管与夹套筒体焊接工艺编制及焊接

任务解析

通过分析低碳钢与低合金钢（异种钢）焊接的焊接性，确定所采用的焊接方法、焊接材料，编制接管与夹套筒体焊接工艺并实施，掌握异种钢焊接的要点。

必备知识

一、接管与夹套筒体的焊接结构

接管与夹套筒体的焊接结构，如图2-9所示。

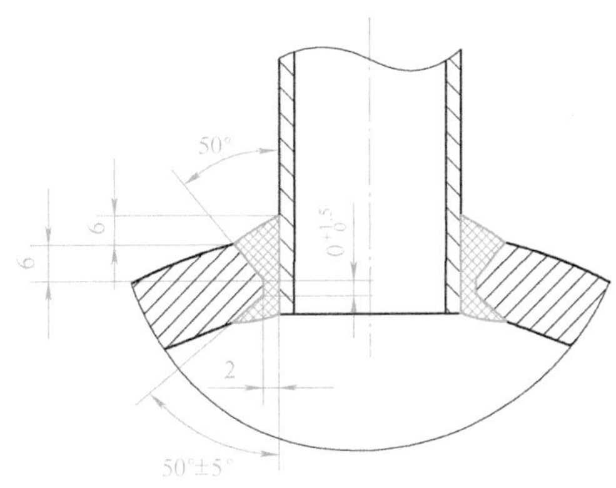

图2-9 接管与夹套筒体的焊接结构

二、接管与夹套筒体的焊接性分析

接管的材料是20钢，夹套筒体的材料是低合金钢Q345R。20钢和Q345R的物理性能、化学成分和力学性能见表2-18。

表 2-18 20 钢和 Q345R 的物理性能、化学成分和力学性能

牌号	密度/ g·cm^{-3}	熔点/℃	平均线膨胀系数/10^{-6}℃$^{-1}$		热导率/W·(m·K)$^{-1}$		比热容/J·(kg·K)$^{-1}$	
			20~100℃	20~200℃	20℃	100℃	100℃	200℃
20	7.82	1500	11.16	12.12	51.08	50.24	469	481
Q345R	7.85	1480	8.31	10.99	53.17	51.08	481	523

牌号	化学成分(质量分数,%)						
	C	Mn	Si	Cr	Ni	P	S
20	0.17~0.23	0.35~0.65	0.17~0.37	≤0.25	≤0.30	≤0.035	≤0.035
Q345R	≤0.20	1.20~1.60	≤0.55	—	—	≤0.025	≤0.015

牌号	力学性能			
	屈服强度/MPa	抗拉强度/MPa	伸长率(%)	冲击吸收能量/J
20	≥245	≥410	≥25	≥27(常温)
Q345R	≥345	510~640	≥21	≥34(0℃)

从表2-18可以看出20钢和低合金钢Q345R的物理性能没有太大的差异，但是由于它们的化学成分、强度等有差别，焊接性能也有较大的差异。低合金钢是在低碳钢的基础上，加入少量或微量的合金元素（质量分数不超过5%），使低碳钢的组织发生变化，从而获得较高的屈服强度和冲击韧度的钢。随着钢中合金元素的增加，低合金钢的强度等级逐步提高，碳当量随之增加，因此钢的淬硬性增加，焊接性变差。

在所有金属材料中，低碳钢具有最优良的焊接性。因此，低碳钢与低合金钢焊接时的焊接性仅取决于低合金钢本身的焊接性。

三、接管与夹套筒体的焊接工艺要点

（一）焊接材料的选择

焊接低碳钢和低合金钢时，要求焊缝金属的力学性能兼顾两种金属的属性，即强度应大于低碳钢的强度，塑性和冲击韧度不应低于低合金钢的相应值。因此，焊接材料选择的原则是焊缝金属及焊接接头的强度、塑性和冲击韧度都不能低于两种被焊钢材中的最低值。普通低合金钢与低碳钢焊接时所选焊接材料应匹配，可参见表2-19和表2-20。

表 2-19　低碳钢与低合金钢焊接材料的选择

<table>
<tr><th colspan="3">母材组合</th><th>I+I</th><th>I+III</th><th>I+IV</th><th>I+V</th></tr>
<tr><td rowspan="6">焊接材料</td><td>焊条电弧焊</td><td>焊条</td><td>E4315</td><td>E5015</td><td>E5015</td><td>E5015</td></tr>
<tr><td rowspan="2">埋弧焊</td><td>焊丝</td><td>H08A</td><td>H08MnA</td><td>H08MnA</td><td>H08MnA</td></tr>
<tr><td>焊剂</td><td>HJ431</td><td>HJ431</td><td>HJ431</td><td>HJ431</td></tr>
<tr><td rowspan="2">电渣焊</td><td>焊丝</td><td>H08A</td><td>H08Mn2SiA</td><td>H08Mn2SiA</td><td>H08Mn2SiA</td></tr>
<tr><td>焊剂</td><td>HJ360</td><td>HJ360</td><td>HJ360</td><td>HJ360</td></tr>
<tr><td>二氧化碳气体保护焊</td><td>焊丝</td><td>H08Mn2SiA</td><td>H08Mn2SiA</td><td>H08Mn2SiA</td><td>H08Mn2SiA</td></tr>
<tr><td colspan="3">预热温度</td><td>不预热</td><td>板厚>40mm,预热温度>100℃</td><td>板厚>32mm,预热温度>100℃</td><td>预热温度为150~200℃</td></tr>
</table>

注：Ⅰ、Ⅲ、Ⅳ、Ⅴ为钢材类别号，见表2-20。

表 2-20　焊接工艺评定钢材分类分组（部分）（NB/T 47014-2011）

<table>
<tr><th>类别号</th><th>组别号</th><th>牌号</th></tr>
<tr><td rowspan="2">I (Fe-1)</td><td>I-1</td><td>Q235A、Q235B、Q235C、20、20G</td></tr>
<tr><td>I-2</td><td>Q345(16Mn)、Q345R、Q345RE、Q390(15MnV)、16MnDR</td></tr>
<tr><td rowspan="3">III (Fe-3)</td><td>III-1</td><td>15MoG、12CrMo</td></tr>
<tr><td>III-2</td><td>20MnMo、12SiMoVNb</td></tr>
<tr><td>III-3</td><td>20MnMoNb、18MnMoNbR</td></tr>
<tr><td rowspan="2">IV (Fe-4)</td><td>IV-1</td><td>14Cr1Mo、15CrMo</td></tr>
<tr><td>IV-2</td><td>12Cr1MoV</td></tr>
<tr><td>V (Fe-5)</td><td>VA</td><td>12Cr2Mo</td></tr>
</table>

（二）焊前加工

强度等级为300~400MPa的低合金钢，其气割性能和低碳钢一样良好。随着钢材强度等级的提高，气割性能会相对下降。强度等级为450MPa的低合金钢，在周围环境温度不太低时，气割前可以不预热，气割后也不需要加工，即可直接焊接。强度等级超过500MPa的低合金钢，由于碳当量比较高，气割后在切口边缘用磁粉检测时，常会发现有微裂纹，这些微裂纹必须磨掉，才能施焊。对于强度等级更高或厚度较大的钢材，为防止气割时在切口边缘产生裂纹，可采用与焊接时相同的温度进行预热。对于高强度钢，炭弧气刨后，必须仔细清除残余的炭屑粒，避免其进入熔池，否则，由于焊缝中含碳量的增加，其淬硬倾向增加，易产生裂纹。

（三）装配、定位焊

装配时不允许强制组装，对角变形和错边量要严格控制，避免因未焊透和应力集中而引起的裂纹。为了防止装配定位焊点开裂，定位焊的焊缝应长些、厚些。一般定位焊缝的长度为20~100mm。定位焊和正式焊之间的间隔时间不宜过长。

（四）焊接热输入

为了减少异种钢焊接接头热影响区的淬硬倾向和消除冷裂纹，使氢能从焊缝金属中大量逸出，可以采用较大的焊接热输入，即在电弧长度不变的情况下，选用较大的焊接电流和较慢的焊接速度。施焊时，允许焊条做横向摆动，使焊接熔池缓慢冷却，以利于氢的逸出，防止出现冷裂纹。

（五）预热和层间保温

预热的目的是使焊接接头避免或减少出现淬硬的马氏体组织，又能促进氢的扩散逸出，减少热影响区中氢含量，从而防止冷裂纹的产生。预热还能使焊缝金属缓慢地冷却，有利于消除夹渣、气孔和白点等缺陷，同时还能减少焊接残余应力。施焊时，应根据低合金钢的要求选择预热温度。预热时，可以单独对低合金钢进行，也可以低合金钢与低碳钢装配定位焊后共同预热。预热温度不应低于100℃，预热区为坡口两侧各100mm范围内，预热方法可以采用氧乙炔焰加热，对于体积较小的焊件，也可放入炉中整体加热。

为保持预热的作用，并促进焊缝和热影响区中氢的扩散逸出，多层多道焊时的层间温度应等于或略高于预热温度。但预热温度和层间温度不应过高，以免引起某些钢材焊接接头组织和性能的变化。

（六）焊后热处理

低碳钢和低合金钢焊接时，应根据低合金钢的要求决定是否需要进行焊后热处理。对于强度等级大于500MPa具有延迟裂纹倾向的低合金钢。通常焊后应及时进行热处理，以利于氢的扩散及逸出。

四、编制接管与夹套筒体的焊接工艺

根据焊接技术员的分组，每个小组讨论可以选择的焊接方法，并根据虚拟车间现有的常用焊接设备，每位技术员编制一种焊接方法的焊接工艺。技术员一定要认真分析接管与夹套筒体的结构特点，根据相关法规和标准的要求，按照表1-17中的格式编制焊接工艺卡。可以适当修改、增加或取消部分内容，但要尽量符合生产的需要。

课内小组交流、讨论并修改焊接工艺。

五、按照工艺焊接试件

（一）焊前准备

20+Q345R 管板垂直固定钨极氩弧焊平焊

（1）材料准备　准备符合国家标准的20钢和Q345R试板、按照焊接工艺卡要求选择焊接材料等，并按照要求清理、烘干保温等。

（2）用具准备　准备手套、面罩、榔头、錾子、尖嘴钳、三角铁、锉刀、钢刷、记录笔和纸、计时器等。

（3）设备准备　根据选择的焊接方法选择焊接设备、切割机、台虎钳等。

（4）测量工具准备　准备坡口角度尺、焊缝测量尺等。

（5）定位焊

1）坡口表面要求。坡口表面不得有裂纹、分层、夹杂等缺陷。

2）施焊前，应清除坡口及母材两侧20mm范围内的氧化物、油污、焊渣及其他有害杂质。

3）定位错边量应符合相应规定。

4）适当增加定位焊缝的截面和长度。定位焊时要加大焊接电流，降低焊接速度，必要时还要预热。

（二）焊接操作

焊接时严格按照编制的焊接工艺卡进行焊接，对焊前、焊接过程及焊后质量进行外观检查，并且做好详细的焊接记录（焊接记录表格式与表1-18相同）。

六、分析焊接质量并完善焊接工艺

（一）常见焊接缺陷分析

1）焊接试件的主要问题是焊脚尺寸不对称，这主要是因为焊接参数选择不当、运条方法或焊条角度不当。

2）熔焊时，焊道与母材之间或焊道与焊道之间容易产生未熔合（图2-10），这会直接降低接头的力学性能，严重的未熔合会使焊接结构根本无法承载。

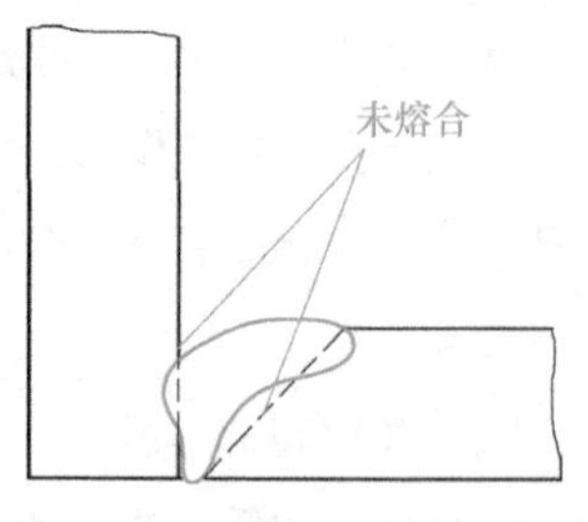

图2-10　未熔合示意图

产生原因如下。

①焊接电流太小或不稳定。

②焊条角度不当及电弧偏吹。

③层间清渣不干净。

④焊件散热太快（如冬季焊接）或焊渣熔点过高。

⑤坡口处部分焊渣比熔化金属凝固得早，使基体金属与熔敷金属之间形成很薄的隔离层，从而造成未熔合。

（二）完善焊接工艺

根据焊接操作过程、焊接参数选用特点和焊后焊接质量的外观检查，小组讨论、交流，完善焊接工艺。

复习思考题

一、选择题

1. 锰不具有（ ）作用。

A. 固溶强化　B. 沉淀强化　C. 脱氧　D. 脱硫

2. 铬不具有（ ）作用。

A. 提高钢的淬透性　B. 提高钢的耐蚀性

C. 提高钢的耐热性　D. 降低钢的韧脆转变温度

3. 低合金钢焊接时的主要问题是（ ）。

A. 应力腐蚀和接头软化　B. 冷裂纹和接头软化

C. 应力腐蚀和粗晶区脆化　D. 冷裂纹和粗晶区脆化

4. 焊接低碳钢和低合金钢时，焊接材料选择的原则是（ ）。

A. 强度大于低碳钢，塑性和冲击韧度低于低合金结构钢

B. 强度低于低碳钢，塑性和冲击韧度高于低合金结构钢

C. 强度大于低碳钢，塑性和冲击韧度高于低合金结构钢

D. 强度低于低碳钢，塑性和冲击韧度低于低合金结构钢

5. 低碳钢和低合金钢焊条电弧焊时，焊接烟尘的成分主要取决于（ ）。

A. 焊条药皮的组成　B. 焊芯成分　C. 母材成分　D. 焊接速度

二、填空题

1. 低碳钢和低合金钢焊接时的焊接性取决于________的焊接性。

2. 低碳调质钢焊接时热影响区易产生的问题是________和________。

3. 随着钢材强度等级的提高，气割性能会相对________。

4.在电弧长度不变的情况下，选用________的焊接电流和________的焊接速度，有利于氢从焊缝金属中逸出。

5.为保持预热的作用，并促进焊缝和热影响区中氢的扩散逸出，多层多道焊时的层间温度应________于预热温度。

任务六　内筒体与夹套筒体焊接工艺编制及焊接

任务解析

通过分析不锈钢和低合金钢（异种钢）焊接的焊接性，确定所采用的焊接方法、焊接材料，编制内筒体与夹套筒体焊接工艺并实施，掌握不锈钢和低合金钢异种钢焊接的要点。

必备知识

一、内筒体与夹套筒体的焊接结构

内筒体与夹套筒体采用单边坡口的全焊透结构，焊接时一定要保证焊透，如图2-11所示。

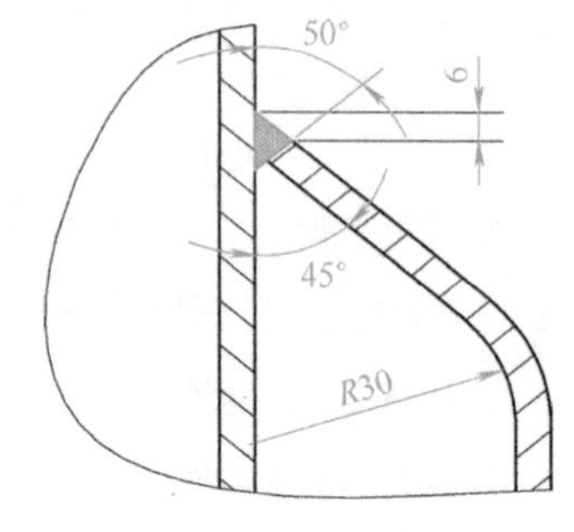

图2-11　内筒体与夹套筒体单边坡口图

二、内筒体与夹套筒体的焊接性分析

内筒体的材料是S30408，夹套筒体的材料是Q345R，从前面内容可知，它们的物理性能、化学成分、力学性能都有很大的区别。它们的焊接属于性能完全不同的异种钢焊接。异种金属材料焊接接头和同种金属材料焊接接头的本质差异在于熔敷金属两侧的焊接热影响区和母材在成分、组织及性能等方面存在不均匀性。

（一）异种金属焊接接头的不均匀性

1. 化学成分的不均匀性

异种金属焊接时，焊缝两侧的金属和焊缝的合金成分有明显的差别。随着焊缝形状、母材厚度、焊条药皮或焊剂、保护气体种类的不同，焊接熔池的行为也不一样。因而，母材的熔化量也将随之而不同。熔敷金属与母材熔化区的化学成分由于相互稀释也将发生变化。由此可见，异种金属焊接接头各区域化学成分的不均匀程度，不仅取决于母材和焊接材料各自的原始成分，同时也随焊接工艺而变化。例如，异种金属施焊时所用的焊接电流要尽量小，熔深要浅，则受稀释的影响就小。

2. 组织的不均匀性

由于焊接热循环的作用，焊接接头各区域的组织也不同。组织的不均匀性取决于母材和焊接材料的化学成分，同时也与焊接方法、焊道层次、焊接工艺及焊后热处理过程有关。若能在工艺上适当调整，可以使焊接接头的组织不均匀程度得到一定的改善。在工程上，常使用舍夫勒（Schaefflers）组织图估算不锈钢焊缝金属组织的相组成，如图2-12所示。在组织图中，纵坐标用Ni_{eq}（镍当量）表示，镍当量是反映不锈钢焊缝金属组织奥氏体化程度的指标，其量值是根据焊缝金属组织中包含的奥氏体元素（如镍、碳、锰等），按其奥氏体化作用的强烈程度折算成相当于若干个镍的总和；横坐标用Cr_{eq}（铬当量）表示，铬当量是反映焊缝金属组织的铁素体化程度的指标，其量值是根据焊缝金属组织中包含的铁素体化元素（如铬、钼、硅、铌等），按其铁素体化作用的强烈程度折算成相当于若干个铬的总和。图2-12中标有A（奥氏体）、F（铁素体）、M（马氏体）等组织的区域范围。根据被焊母材和添加焊接材料的化学成分，用熔焊稀释率换算出焊缝金属的化学组成，并分别折算成镍当量和铬当量，即可在组织图中查出焊缝金属组织的相组织和铁素体的含量。反之，也可以按照对焊缝金属组织的相组成要求，确定对应的镍当量和铬当量，然后，据此组织图进行焊缝金属化学组成的调整。

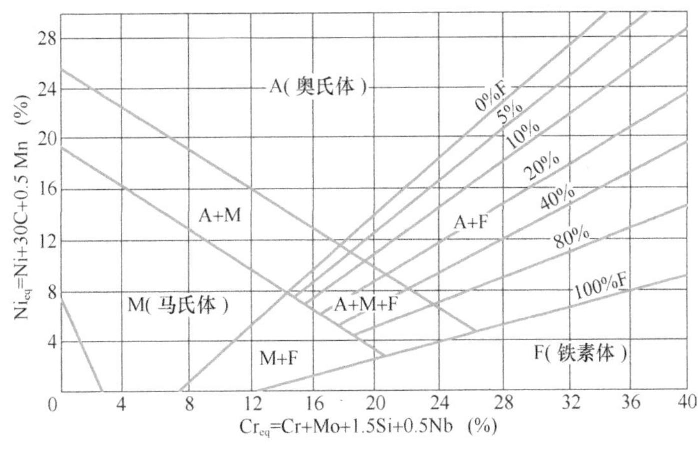

图2-12 舍夫勒组织图

3. 性能的不均匀性

焊接接头各区域化学成分和组织的差异，带来了焊接接头力学性能的不同，沿接头各区域的室温强度、硬度、塑性、韧性都有很大的差别。有时在3~5个晶粒的范围内，显微硬度出现成倍的变化；在焊缝两侧的热影响区，其冲击韧度甚至有几倍之差。高温下的蠕变极限和持久强度也会因成分和组织的不同，相差极为悬殊。

对焊接接头影响最大的物理性能有线膨胀系数和热导率，它们的差异很大程度上决定了焊接接头在高温下的使用性能。

4. 应力场分布的不均匀性

异种金属焊接接头中焊接残余应力分布不均匀，这是由接头各区域具有不同的塑性决定的；另外，材料导热性的差异将引起焊接热循环温度场的变化，这也是焊接残余应力分布不均匀的影响因素之一。

异种钢对接多层焊横向应力仿真

异种钢材多层焊角变形仿真

异种钢材多层焊接温度场仿真

由于异种金属焊接接头各区域线膨胀系数不同，接头在正常使用条件下，因温度循环而在界面上出现附加热应力，其分布也不均匀，甚至还会出现应力高峰，从而成为焊接接头断裂的重要原因。

由于组织结构不均匀，在整个焊接接头各区域的应力分布和大小也将存在差异。

总之，对于异种金属焊接接头来说，成分、组织、性能和应力场的不均匀性，是其表现的主要特征。

异种钢接头的焊缝是由母材和填充金属混合而成，由于母材的熔入而使焊缝金属的合金含量稀释，其稀释的程度由母材熔入焊缝的百分比决定。

（二）内筒体与夹套筒体的焊接性

内筒体的材料是S30408，属于奥氏体不锈钢；夹套筒体的材料是Q345R，常温组织是珠光体，统称为珠光体钢。它们的焊接具有奥氏体不锈钢和珠光体钢焊接的共性。

1. 焊缝的稀释

焊接珠光体钢和奥氏体不锈钢时，焊缝中熔入的珠光体钢将对焊缝金属的合金产生稀释作用，其结果使得焊缝金属的成分、组织与两侧母材金属都有很大的差异，严重时，焊缝中将出现马氏体组织，使接头性能恶化。

2. 过渡层的形成

珠光体钢母材金属对整个焊缝的稀释作用，在熔池内部和熔池边缘是不相同的。在熔池边缘，液态金属温度较低，流动性较差，在液态停留时间较短。由于珠光体钢与填充金属材料的成分相差悬殊，在熔池边缘上，熔化的母材金属与填充金属就不能很好地熔合，结果在靠近珠光体钢的焊缝金属中，珠光体钢母材金属所占的比例较大，所以在紧靠珠光体钢一侧熔合线的焊缝金属中，会形成和焊缝金属内部成分不同的过渡层。离熔合线越近，珠光体钢的稀释作用越强烈，过渡层中含铬、镍量也越少，此时过渡层将由奥氏体+马氏体区和马氏体区组成。过渡层出现高硬度马氏体脆性层可能导致熔合区破坏，降低结构的可靠性。

3. 扩散层的形成

在由奥氏体不锈钢和珠光体钢组成的焊接接头中，由于珠光体钢的含碳量较高，但合金元素较少，而奥氏体不锈钢则相反，这样在珠光体钢一侧熔合区两边形成了碳的浓度差。当接头在温度高于350℃长期工作时，熔合区便会出现明显的碳扩散，即碳从珠光体钢一侧通过熔合区向奥氏体焊缝扩散，导致靠近熔合区的珠光体母材金属上形成脱碳层而软化，在奥氏体焊缝一侧产生了与脱碳层相对应的增碳层而硬化。

扩散层是这两类异种钢焊接接头中的薄弱环节，其对接头的常温和高温瞬时力学性能影响不大，但将降低接头的高温持久强度10%~20%。

4. 接头应力状态

由于两种钢的线膨胀系数不同（珠光体钢与奥氏体不锈钢的线膨胀系数之比为14：17），使焊缝和熔合线附近产生附加拉应力，导致在熔合线上断裂。

三、内筒体与夹套筒体的焊接工艺要点

（一）焊接方法的选择

珠光体钢与奥氏体不锈钢焊接时，对于焊接方法的选择，除了要考虑生产率和具体焊接条件外，还应着重考虑熔合比的影响，即焊接时要尽量减少熔合比，以降低对焊缝的稀释作用。各种焊接方法的熔合比范围见表2-21。

表 2-21　各种焊接方法的熔合比范围

焊接方法	熔合比(%)
碱性焊条电弧焊	20 ~ 30
酸性焊条电弧焊	15 ~ 25
熔化极气体保护焊	20 ~ 30

（续）

焊接方法	熔合比(%)
埋弧焊	30 ~ 60
带极堆焊	10 ~ 20
钨极氩弧焊	10 ~ 100

由表2-21中可知，带极堆焊和钨极惰性气体保护焊，可得到最小的熔合比。钨极惰性气体保护焊的熔合比，能在一个相当宽的范围内变化，因而很适合于异种钢的焊接。

埋弧焊时熔合比的变化范围较大，且焊接电流越高，熔合比越大，所以使用埋弧焊时要严格控制熔合比。但是，由于埋弧焊时焊接电流较大，增加了熔池在高温停留的时间和熔池的搅拌作用，从而可以减小过渡层的宽度。埋弧焊时过渡层的宽度约为0.25~0.5mm，比采用焊条电弧焊时（约0.4~0.6mm）小。

由于焊条电弧焊时熔合比比较小，而且操作方便灵活，不受焊件形状的限制，所以是目前焊接异种钢时应用最为普遍的焊接方法。

（二）焊接材料的选择

奥氏体不锈钢与珠光体钢焊接时，焊缝及熔合区的组织和性能主要取决于填充金属材料。选择焊接材料时，应考虑以下几个方面。

1. 克服珠光体钢对焊缝的稀释作用

（1）手工钨极氩弧焊　如不加填充焊丝进行焊接，且假设两种母材金属的熔化数量相同，其熔合比分别是50%，则此时焊缝组织为马氏体。由此可见，内筒体与夹套筒体采用手工钨极氩弧焊焊接时，如果不加填充焊丝，则在焊缝中无法避免出现马氏体组织。

（2）焊条电弧焊　分别采用A102（18-8型）、A307（25-13型）和A407（25-20型）三种焊条进行焊接，焊条化学成分见表2-22。

采用A102焊条时，当母材金属的熔合比为30%~40%时，焊缝组织为奥氏体+马氏体组织。采用A307焊条时，焊缝组织为体积分数为2%的铁素体的奥氏体+铁素体双相组织。采用A407焊条时，焊缝组织为单相奥氏体组织。

表2-22　焊条化学成分（质量分数，%）

型号	牌号	C	Mn	Si	Cr	Ni	铬当量	镍当量
E308-16	A102	0.07	1.22	0.46	19.2	8.5	19.87	11.15
E309-15	A307	0.11	1.32	0.48	24.8	12.8	25.52	16.76
E310-15	A407	0.18	1.4	0.54	26.2	18.8	27.01	24.9

通过不同的焊条和控制熔合比，能在相当宽的范围内调整焊缝的成分和组织。此时，如选用18-8型的A102焊条，则焊缝会出现脆硬的马氏体组织。如果要避免，必须采用极小的熔合比，这

在工艺上是很困难的。若选用25-20型的A407焊条，则焊缝通常为单相奥氏体组织，其热裂倾向较大。比较理想的是选用25-13型的A307焊条，此时只要把母材金属的熔合比控制在40%以下，就能得到具有较高抗热裂能力的奥氏体+铁素体双相组织。

2. 抑制熔合区中碳的扩散

提高焊接材料的奥氏体形成元素含量，是抑制熔合区中碳扩散的最有效手段。随着焊接接头在使用过程中工作温度的提高，要阻止焊接接头中的碳扩散，必须提高镍的含量。

3. 改变焊接接头的应力分布

在高温下工作的异种钢接头中，如果焊缝金属的线膨胀系数与奥氏体不锈钢母材金属接近，则高温应力就将集中在珠光体钢一侧的熔合区内；如果焊缝金属的线膨胀系数与珠光体钢母材金属接近，则高温应力将集中在奥氏体不锈钢一侧的熔合区内。由于珠光体钢通过塑性变形降低应力的能力较弱，所以高温应力集中在奥氏体不锈钢一侧较为有利。因此，奥氏体不锈钢与珠光体钢焊接时，最好选用线膨胀系数接近于珠光体钢的镍基合金型材料。如选用Cr15Ni70型镍基材料作为填充材料，应力集中区就从塑性变形能力低的珠光体钢一侧转向塑性较好的奥氏体不锈钢一侧，从而提高了接头的承载能力。

4. 提高焊缝金属抗热裂的能力

为提高焊缝金属抗热裂的能力，当珠光体钢和$w_{Cr}:w_{Ni}<1$的奥氏体不锈钢焊接时，焊缝以单相奥氏体或奥氏体+碳化物组织为宜；当珠光体钢和$w_{Cr}:w_{Ni}>1$的奥氏体不锈钢焊接时，焊缝以体积分数为3%~7%的铁素体+奥氏体双相组织为宜。

综上所述，奥氏体不锈钢与珠光体钢采用焊条电弧焊焊接时，所选用的焊条只有A302、A307、A402、A407适宜。它们不仅能克服珠光体钢对焊缝的稀释，并且对抑制熔合区中碳的扩散和改变焊接接头中应力的分布也有利。但采用A402、A407焊条施焊后，焊缝金属为单相奥氏体组织，除了焊接热强奥氏体不锈钢外，对于其他类型的奥氏体不锈钢，其热裂倾向较大。采用A302、A307焊条施焊后，可使焊缝金属中含有一定量的铁素体组织，只要把母材金属的熔合比控制在40%以下，就能得到具有较高抗热裂能力的奥氏体+铁素体双相组织，所以在生产中广为应用。

（三）焊接工艺

降低熔合比、减小扩散层是焊接奥氏体不锈钢和珠光体钢应掌握的工艺要求。

1. 坡口形式

焊条电弧焊时接头的坡口形式对熔合比有很大影响。焊接层数越多，熔合比越小；坡口角度越大，熔合比越小；U形坡口的熔合比比V形坡口小；采用镍基型焊条焊接时，为能通过焊条的摆动使熔滴下落到所要求的位置上，应增大坡口的角度，因此V形坡口的角度应增至80°~90°。

2. 焊接参数

为降低熔合比，焊接时采用小直径焊条或焊丝；在可能的情况下，尽量采用小电流、高电压和快速焊接。

3. 焊后热处理

由于母材金属和焊缝金属物理性能的差异，不可避免地会产生新的残余应力。所以奥氏体不锈钢和珠光体钢异种钢接头焊后热处理并不能消除焊接残余应力，只能引起应力的重新分布，所以焊后一般不进行热处理。

四、编制内筒体与夹套筒体的焊接工艺

根据焊接技术员的分组，每个小组讨论可以选择的焊接方法，并根据虚拟车间现有的常用焊接设备，每位技术员编制一种焊接方法的焊接工艺。技术员一定要认真分析内筒体与夹套筒体的结构特点，根据相关法规和标准的要求按照表1-17中的格式编制焊接工艺卡。可以适当修改、增加或取消部分内容，但要尽量符合生产的需要。

课内小组交流、讨论并修改焊接工艺。

五、按照工艺焊接试件

（一）焊前准备

（1）材料准备　准备符合国家标准的S30408板和Q345R板、按照焊接工艺卡选择焊接材料等，并按照要求清理、烘干保温等。

（2）用具准备　准备手套、面罩、榔头、錾子、尖嘴钳、三角铁、锉刀、钢刷、记录笔和纸、计时器等。

（3）设备准备　根据选择的焊接方法选择焊接设备、切割机、台虎钳等。

（4）测量工具准备　准备坡口角度尺、焊缝测量尺等。

（5）定位焊

1）坡口表面要求。坡口表面不得有裂纹、分层、夹杂等缺陷。

2）施焊前，应清除坡口及母材两侧20mm范围内的氧化物、油污、焊渣及其他有害杂质，不锈钢一侧涂白垩粉。

3）适当增加定位焊缝的截面和长度。定位焊时适当加大焊接电流，降低焊接速度。

（二）焊接操作

焊接时严格按照编制的焊接工艺卡进行焊接，对焊前、焊接过程及焊后质量进行外观检查，并且做好详细的焊接记录（焊接记录表格式与表1-18相同）。

六、分析焊接质量并完善焊接工艺

（一）常见焊接缺陷分析

焊接接头的不锈钢一侧颜色为蓝色或紫色，说明焊接热输入太大，这时应适当减小焊接电流、加大焊接速度，或采用多层多道焊。

（二）完善焊接工艺

根据焊接操作过程、焊接参数选用特点和焊后焊接质量的外观检查，小组讨论、交流，完善焊接工艺。

复习思考题

一、单选题

1. 奥氏体不锈钢与珠光体钢焊接时，采用最多的焊接方法是（ ）。

A. 钨极氩弧焊　　B. 埋弧焊　　C. 焊条电弧焊　　D. CO_2气体保护焊

2. S30408不锈钢和Q345R低合金钢用E308-16焊条焊接时，焊缝得到（ ）组织。

A. 铁素体+珠光体　　B. 奥氏体+马氏体　　C. 单相奥氏体　　D. 奥氏体+铁素体

3. 奥氏体不锈钢与珠光体钢焊接时，为减小熔合比，应尽量使用（ ）焊接。

A. 大电流、高电压　　B. 小电流、高电压　　C. 大电流、低电压　　D. 小电流、低电压

4. S30408不锈钢和Q345R低合金钢用E308-16焊条焊接时，应采用的焊条牌号是（ ）。

A. A102　　B. A402　　C. A302

5. S30408不锈钢和Q345R低合金钢用E309-16焊条焊接时，焊缝得到（ ）组织。

A. 铁素体+珠光体　　B. 奥氏体+马氏体　　C. 单相奥氏体　　D. 奥氏体+铁素体

6. 异种金属焊接时，熔合比越小越好的原因是为了（ ）。

A. 减小焊接材料的填充量　　B. 减小熔化的母材对焊缝的稀释作用

C. 减小应力和变形

7. 奥氏体不锈钢与珠光体钢焊接时，为控制熔合区中碳的扩散，应当提高焊缝中（ ）的含量。

A. Cr　　B. Ni　　C. Mn　　D. N

8. 为改变奥氏体不锈钢与珠光体钢焊接时焊接接头的应力分布状态，最好选用线膨胀系数接近于珠光体钢的（ ）填充材料。

A. 钴基合金型　　B. 钛基合金型　　C. 镍基合金　　D. 铁基合金型

9. 奥氏体不锈钢与珠光体钢焊接时，要尽量（ ）熔合比。

A. 增加　　B. 增加　　C. 增加　　D. 增加

10. 奥氏体不锈钢与珠光体钢焊接时，为能得到具有较高抗热裂性能的奥氏体+铁素体双相组织，应将熔合比控制在（ ）以下。

A. 20%　　B. 30%　　C. 40%　　D. 50%

二、判断题

1. 珠光体钢与奥氏体不锈钢由于熔化的珠光体母材的稀释作用，焊缝可能会出现马氏体组织，严重时甚至出现裂纹。（ ）

2. S30408不锈钢和Q345R低合金钢焊接时，如果采用钨极氩弧焊，则最好不要加填充焊丝，才能获得满意的焊缝质量。（ ）

3. 异种钢焊接时，焊缝的成分取决于焊接材料，与熔合比大小无关。（ ）

4. 奥氏体不锈钢与珠光体耐热钢焊接时，最好采用多层焊，并且层数越多越好，其目的是可以提高焊接接头的塑性。（ ）

5. 异种钢焊接接头可以通过焊后热处理来消除焊接残余应力。（　）
6. 奥氏体不锈钢与珠光体耐热钢焊接时，应采用较大的坡口角度，以减少熔合比。（　）
7. 采用小直径焊条(或焊丝)，使用小电流、高电压、快速焊是焊接奥氏体钢与珠光体耐热钢的主要工艺措施。（　）
8. 增加奥氏体不锈钢中的含镍量，可以减弱奥氏体钢与珠光体钢焊接接头中的扩散层。（　）
9. 奥氏体不锈钢与珠光体耐热钢的焊接接头中会产生很大的热应力，这种热应力可以通过高温回火加以消除。（　）
10. 奥氏体钢不锈钢和珠光体钢焊接接头焊后热处理，可以阻止碳的扩散。（　）
11. 珠光体耐热钢中含碳量越高，奥氏体不锈钢与珠光体耐热钢的焊接接头中形成扩散层的可能性越大。（　）
12. 当两种金属的线膨胀系数和热导率相差很大时，焊接过程中会产生很大的热应力。（　）

三、填空题

1. 异种金属焊接接头的不均匀性主要分为________、________、________、________。
2. 焊缝稀释的程度由________熔入焊缝的百分比来决定。
3. 异种金属焊接时，离熔合线越近，则稀释作用越________。
4. 内筒体（S30408）和夹套筒体（Q345R）采用手工钨极氩弧焊焊接时，如果不加填充焊丝，则在焊缝中无法避免出现________。
5. 内筒体（S30408）和夹套筒体（Q345R）焊接，若选用25-20型的A407焊条，则焊缝通常为单相奥氏体组织，其热裂倾向________。
6. 提高焊接材料的________形成元素含量，是抑制熔合区中碳扩散的最有效手段。
7. 随着焊接接头在使用过程中工作温度的提高，要阻止焊接接头中的碳扩散，必须提高________的含量。
8. 焊接层数越多，熔合比________；坡口角度________，熔合比越小。
9. 奥氏体不锈钢和珠光体钢异种钢焊接接头焊后热处理________消除焊接残余应力。

项目三 有色金属结构焊接工艺编制及焊接

项目导入

有色金属凭借其比强度高、耐高温、耐低温及耐蚀能力强等特点，应用领域在不断拓宽，特别是在压力容器制造行业中所占的比重越来越大。本项目选择化工行业常用的有色金属——铝及铝合金、铜及铜合金和钛及钛合金的焊接作为拓展项目，设计了铝及铝合金焊接工艺编制及焊接、铜及铜合金焊接工艺编制及焊接和钛及钛合金焊接工艺编制及焊接三个教学任务。通过本项目的实施，使学生能初步分析常用有色金属的焊接性和编制焊接工艺；树立守法意识和质量意识；养成良好的职业道德和职业素养；具备自主学习、与人合作、与人交流的能力。

学习目标

1. 能够分析铝及铝合金的焊接性，编制铝合金5052的焊接工艺，能按所拟定的焊接工艺焊接试件，掌握铝及铝合金的焊接工艺要点。

2. 能够分析铜及铜合金的焊接性，编制铜T2的焊接工艺，能按所拟定的焊接工艺焊接试件，掌握铜及铜合金的焊接工艺要点。

3. 能够分析钛及钛合金的焊接性，编制钛合金TA2的焊接工艺，能按所拟定的焊接工艺焊接试件，掌握钛及钛合金的焊接工艺要点。

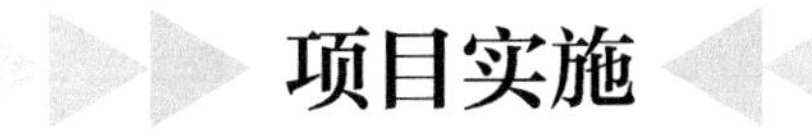

项目实施

任务一　铝及铝合金焊接工艺编制及焊接

任务解析

通过分析铝及铝合金的焊接性，确定所采用的焊接方法、焊接材料，编制铝及铝合金焊接工艺并实施，掌握铝及铝合金的焊接要点。

必备知识

一、铝及铝合金常见焊接接头形式

与铁基金属材料类似，铝及铝合金的焊接接头的基本形式为对接接头、T形接头、角接接头、搭接接头四种。根据结构或工艺上的需要，也可采取端接接头和卷边接头等形式。

二、铝及铝合金的分类和特点

铝在自然界中的储量丰富，而且具有铁基金属材料所没有的优异性能，如密度小、耐蚀性良好、高的导电及导热性等。特别是通过合金化而制成的铝合金，强度显著提高，比强度可达到超高强度钢的水平。因而，在工业中铝的应用仅次于钢，在有色金属中居首位。

纯铝的晶体结构呈面心立方，没有同素异构转变，在低温（0℃以下）仍能保持良好的韧性，故可作为低温工作材料。但纯铝的强度较低，不能用来制造承受很大载荷的结构，所以使用受到限制。在纯铝中加入少量合金元素，能大大改善铝的各项性能，如Cu、Si和Mn能提高强度，Ti能细化晶粒，Mg能防止海水腐蚀，Ni能提高耐热性等。因此铝合金作为结构材料在工业中得到了广泛的应用。

（一）铝及铝合金的分类

根据合金元素和加工工艺特性，可将铝合金分为变形铝合金和铸造铝合金两大类。通过冷变形和热处理，可使变形铝合金的强度进一步提高。

变形铝合金按照性能特点和用途分为防锈铝、硬铝、超硬铝和锻铝四种。防锈铝属于不可热处理强化铝合金，硬铝、超硬铝、锻铝属于可热处理强化铝合金。

按强化方式，铝合金可分为不可热处理强化铝合金和可热处理强化铝合金。前者仅可形变强化，后者既可形变强化，也可热处理强化。

按合金化系列，铝及铝合金可分为1×××系（工业纯铝）、2×××系（铝铜合金）、3×××系（铝锰合金）、4×××系（铝硅合金）、5×××系（铝镁合金）、6×××系（铝镁硅合金）、7×××系（铝锌镁铜合金）。表3-1列出了铝合金的分类及特点。

表 3-1　铝合金的分类及特点

<table>
<tr><th colspan="2">分类</th><th>合金名称</th><th>合金系</th><th>性能特点</th><th>牌号举例</th></tr>
<tr><td rowspan="6">变形铝合金</td><td rowspan="4">可热处理强化铝合金</td><td>硬铝</td><td>Al-Cu-Mg</td><td>力学性能好</td><td>2A11、2A12</td></tr>
<tr><td>超硬铝</td><td>Al-Cu-Mg-Zn</td><td>室温强度最好</td><td>7A04</td></tr>
<tr><td rowspan="2">锻铝</td><td>Al-Mg-Si-Cu</td><td>锻造性好</td><td>2A14、6A02</td></tr>
<tr><td>Al-Cu-Mg-Fe-Ni</td><td>耐热性好</td><td>2A70、2A80</td></tr>
<tr><td rowspan="2">不可热处理强化铝合金</td><td rowspan="2">防锈铝</td><td>Al-Mn</td><td>耐蚀性、压力加工性与焊接性好，但强度较低</td><td>3A21</td></tr>
<tr><td>Al-Mg</td><td>比Al-Mn系合金的强度高，焊接性好，耐海水腐蚀</td><td>5A05、5A12</td></tr>
<tr><td colspan="2" rowspan="8">铸造铝合金</td><td>简单铝硅合金</td><td>Al-Si</td><td>铸造性好，不能热处理强化，力学性能较低</td><td>ZL102</td></tr>
<tr><td rowspan="4">特殊铝硅合金</td><td>Al-Si-Mg</td><td rowspan="4">铸造性良好，能热处理强化，力学性能较高</td><td>ZL101</td></tr>
<tr><td>Al-Si-Cu</td><td>ZL107</td></tr>
<tr><td>Al-Si-Mg-Cu</td><td>ZL105、ZL110</td></tr>
<tr><td>Al-Si-Mg-Cu-Ni</td><td>ZL109</td></tr>
<tr><td>铝铜铸造合金</td><td>Al-Cu</td><td>耐热性好，铸造性与耐蚀性差</td><td>ZL201</td></tr>
<tr><td>铝镁铸造合金</td><td>Al-Mg</td><td>力学性能高，耐蚀性好</td><td>ZL301</td></tr>
<tr><td>铝锌铸造合金</td><td>Al-Zn</td><td>能自动淬火，宜于压铸</td><td>ZL401</td></tr>
</table>

（二）铝及铝合金的牌号、化学成分及力学性能

纯铝牌号以国际四位数字体系表达，如1A（B）××，第一位为1，表示w_{Al}≥99.00%的纯铝；第二位大写字母A表示原始纯铝，B或其他字母（有时使用数字）表示元素含量有所改变的原始纯铝改型情况，如果第二位为数字，则表示杂质极限含量的控制情况，0表示无特殊控制，1~9表示对一种或几种杂质有特殊控制；第三、四位数字表示铝的最低质量分数中小数点后面的两位数字。例如，1A85表示铝的质量分数为99.85%的原始纯铝；1B99表示铝的质量分数为99.99%的改型纯铝；1035表示杂质极限含量无特殊控制，铝的质量分数为99.35%的纯铝；1370表示对三种杂质极限含量有特殊控制，铝的质量分数为99.70%的纯铝。

GB/T 3190—2008《变形铝及铝合金化学成分》及GB/T 3880—2012《一般工业用铝及铝合金板、带材》规定了变形铝合金的牌号、化学成分及力学性能。变形铝合金的牌号也可以国际四位数字体系表达。牌号中的第一、三、四位为阿拉伯数字，第二位为大写字母A、B或其他字母（有时也用数字）。第一位数字为2~7，表示铝及铝合金的组别，“2”表示以铜为主要合金元素的铝合金，即铝铜合金，“3”表示铝锰合金，“4”表示铝硅合金，“5”表示铝镁合金，“6”表示铝镁硅合金，“7”表示铝锌镁铜合金；第二位数字与纯铝牌号相似，数字0表示原始合金，1~9表

示改型合金；最后两位数字无特殊意义，仅用以区别同一组中的不同合金。例如，2A14表示铝铜原始合金、5052表示铝镁原始合金。表3-2列出了常用铝及铝合金的力学性能。

表 3-2　常用铝及铝合金的力学性能

类别	牌号	试样状态	抗拉强度/MPa	规定非比例延伸强度/MPa	断后伸长率(%)
工业纯铝	1A90	加工硬化	≥60	—	≥19
	1070	退火	55~95	≥15	≥30
	1A99	固溶态	45	10	50
硬铝	2A11	退火	≤225	—	≥12(A_{50mm})
		固溶+自然时效	≥360	≥185	≥15(A_{50mm})
	2024	退火	≤220	≤140	≥11
	2A12	退火	≤215	—	≥12(A_{50mm})
		固溶+自然时效	≥405	≥270	≥12(A_{50mm})
锻铝	6A02	退火	≤145	—	≥16(A_{50mm})
		固溶+自然时效	≥175	—	≥17(A_{50mm})
		固溶+人工时效	≥295	—	≥8(A_{50mm})
超硬铝	7A04	退火	≤245	—	≥11(A_{50mm})
		固溶+人工时效	≥480	≥400	≥7(A_{50mm})

三、铝及铝合金的焊接性分析

铝具有与其他金属不同的物理性能（表3-3），因此铝及铝合金的焊接工艺特点与其他金属有很大的差别。

表 3-3　铝及其他金属的物理性能比较

金属名称	密度/g·cm^{-3}	热导率/W·(m·K)$^{-1}$	线膨胀系数/10^{-6}℃$^{-1}$	比热容/J·(g·K)$^{-1}$	熔点/℃
铝	2.7	222	23.6	0.94	660
铜	8.92	394	16.5	0.38	1083
65黄铜(H65)	8.43	117	20.3	0.37	930
低碳钢	7.80	46	12.6	0.50	1350
镁	1.74	159	25.8	0.10	651

铝的熔点低（660℃），熔化时颜色不变，难以观察到熔池，焊接时容易塌陷和烧穿；热导率约是低碳钢的5倍，散热快，焊接时不易熔化；线膨胀系数约是低碳钢的2倍，焊接时易变形；在

空气中易氧化生成致密的高熔点氧化膜Al_2O_3（熔点为2050℃），难熔且不导电，焊接时易造成未熔合、夹渣，并使焊接过程不稳定。因此铝及铝合金的焊接性比低碳钢差，合金种类不同，焊接性也有一定差别，主要有以下几个问题。

（一）容易氧化

铝及铝合金的化学性质活泼，与氧的亲和力强，在空气中极易与氧结合生成熔点高、密度大、吸水性强的致密氧化膜（Al_2O_3），造成未熔合、夹渣、气孔等焊接缺陷；且受氧化膜电子发射的影响，焊接过程中的电弧稳定性也相对有所下降。因此，为保证焊接质量，焊前必须严格对焊件进行氧化膜的去除处理。

（二）能耗大

由于铝及铝合金的热导率很大，焊接过程中散热很快，大量的热能被传到基体金属内部，熔化铝及铝合金要消耗更多的能量。为获得高质量的焊接接头，应采用能量集中、功率大的焊接热源，必要时应采取预热等措施。

（三）焊缝容易产生气孔

由于氢在液态和固态铝及铝合金中的溶解度相差很大（近20倍），因此，高温下溶入的大量气体，在焊缝凝固过程中析出形成气泡并上浮、逸出。但是铝及铝合金具有较低的密度，且导热性较强、凝固速度快，气泡来不及析出而聚集在焊缝中形成气孔。

氢的来源主要有两方面：一是弧柱气氛中的水分；二是焊丝及母材表面氧化膜吸附的水分以及油污等碳氢化合物。

焊缝气孔是铝及铝合金焊接时常见的、多发性的缺陷，预防气孔的产生是一个复杂的难题。根据科研工作者的一些研究成果及实际生产经验，可选用以下措施预防气孔的产生。

1. 控制氢的来源

焊件表面应经机械清理或化学清洗，以去除油污及含水氧化膜。焊件清理或清洗后，进行干燥及保护处理，以防止二次污染。氩弧焊时，管路应采用不锈钢管或铜管，必要时在气瓶出气口加装干燥装置，使焊枪出来的氩气中的含水量（质量分数）小于0.08%。在气焊或焊条电弧焊时，应对焊条或焊剂进行烘干保温，以去除水分。工作环境的相对湿度不宜超过50%，若湿度大且难于整体控制时，可用经加热的氩气通吹气体管路，以去除管壁上可能附着的水分。

2. 合理设计和操作

设计时应避免采用横焊、仰焊及可达性不好的接头，以避免焊接时发生突然断弧，以致断弧处滋生气孔。另外，凡可实施反面坡口的部位可设计成反面V形坡口（背面刮去一个倒角），焊接时铲除焊根，能有效防止由氧化膜引起的气孔。

（1）选择合适的焊接方法　MIG焊时，焊丝熔化后以细小熔滴形式过渡进入熔池，过程稳定性较差，周围大气难免进入弧柱区而形成气孔。又由于电弧温度高，熔滴比表面积大，与大气接触面积增大，更易于吸附氢，加之MIG焊时熔深大，不利于气泡上浮逸出。TIG焊时，主要是熔池表面与弧柱气氛接触，且电弧过程稳定，环境大气难以混入弧柱及熔池，加之TIG焊温度低、熔深浅，有利于气泡上浮逸出。因此MIG焊比TIG焊的气孔倾向要大。

（2）优选焊接参数　TIG焊时，当采用较小的电流配合较慢的焊接速度时，热输入大，熔池存在时间长，有利于氢的逸出，气孔倾向小；当采用较大的焊接电流配合更快的焊接速度时，热输入较小，熔池存在时间短，由电弧气氛进入熔池的氢少，气孔倾向最小；只有在中等焊接电流配合中等焊接速度时，熔池的存在时间造成氢的溶入量多且不利于氢的逸出，气孔倾向最大。因此，TIG焊时，应采用大电流配合较高的焊接速度或小电流配合较慢的焊接速度，以减少气孔。

MIG焊时，采用大电流配合较慢的焊接速度以提高热输入，同时延长熔池存在时间，有利于防止焊缝气孔的形成。

此外，在保护气体中混入一定量的CO_2或O_2，使H被高温分解出的O氧化生成不溶于液态铝的OH，可降低熔池中氢的含量，以减少气孔。

（3）操作技巧　初始焊接及定位焊时，焊件温度低、散热快，熔池存在时间短，易产生焊缝气孔，宜采用引弧板。单面焊时，采用反面小V形坡口；多层焊时，宜采用薄层焊道，使熔池熔化金属体积小，便于气泡逸出。

（四）焊接热裂纹倾向大

不可热处理强化的铝镁合金热裂纹倾向较小，但是当接头拘束度较大、焊缝成形控制不当时也会产生热裂纹。可热处理强化铝合金（Al-Si-Mg、Al-Cu-Mg、Al-Zn-Mg、Al-Zn-Mg-Cu）内含有很多金属间化合物强化相，在液态铝合金内与铝组成一系列低熔共晶体，若低熔共晶组织呈连续薄膜状或网状分布于晶界，使晶粒分离，结晶裂纹倾向就大；若是呈球状或颗粒状分布于晶界，则结晶裂纹倾向就小。另外，铝及铝合金的线膨胀系数大，凝固时收缩率大，因此在接头中容易形成较大的拘束应力而在脆性温度区间内产生热裂纹，如图3-1所示。

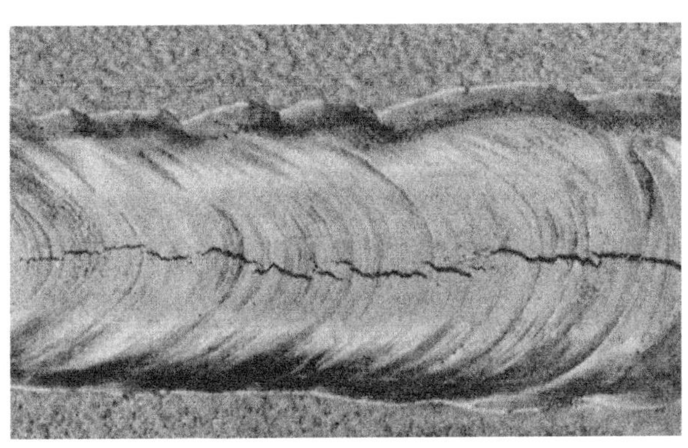

图3-1　铝及铝合金焊接热裂纹

焊接热裂纹的危险性在于它严重破坏焊接接头的连续性，造成应力集中，成为焊接接头及焊接结构低应力脆性断裂、疲劳断裂及延时扩展裂纹的裂纹源。因此，必须进行严格控制。

1. 选用合适的焊接材料

选用合适的焊接材料可对焊缝进行合金化处理，调整焊缝化学成分，从而控制焊缝中的低熔共晶组织并缩小结晶温度区间。当焊缝中的低熔共晶组织的数量很多时，可对裂纹产生“愈合”

作用，使裂纹倾向减小。因此，一般焊接材料中的主要合金元素含量超过裂纹倾向最大时的合金组元，以便产生“愈合”作用。

焊缝的化学成分取决于母材和焊丝两方面，因此，应优选焊接性良好的形变强化铝合金或热处理强化铝合金，如Al-Mg、Al-Cu-Mg、Al-Zn-Mg系5A05、5A06、2219、7005等牌号铝合金。在焊接Al-Cu-Mg、Al-Cu-Mg-Si硬铝时，由于裂纹倾向大，常采用SAlSi-1（SAl4043）及BJ-380A等含5%（质量分数）硅的Al-Si合金焊丝，这样能为焊缝提供数量较多的低熔共晶体，形成“自愈”效应，降低接头的裂纹倾向，但接头强度远低于母材。对于 Al-Mn和Al-Mg合金的T形接头，采用TIG焊时，选用不同含镁量的焊丝作为填充金属，其对不同母材焊缝热裂纹倾向的影响如图3-2所示。焊接Al-Mg 合金（图3-2中曲线2、3、4）时，采用w_{Mg}=2.5 %~5%焊丝，焊缝的热裂纹倾向最小；而焊接 3A21（Al-Mn）铝合金（图3-2中曲线1）时，采用$w_{Mg} > 8\%$的焊丝才能获得满意结果。这说明不应采用Al-Mg焊丝焊接 Al-Mn合金，而应采用与母材同质的Al-Mn合金焊丝。对于Al-Mg合金，母材的含镁量越低，焊丝的含镁量应越高，以保证有足够的低熔共晶组织对裂纹起“愈合”作用。

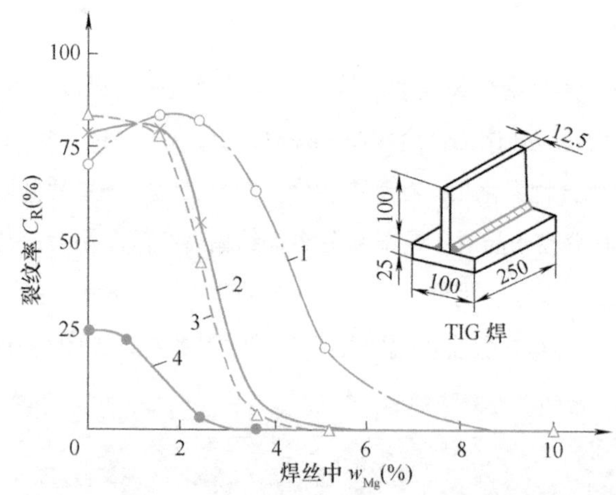

图3-2　焊丝成分对不同母材焊缝热裂纹倾向的影响

1—3A21（LF21）　2—Al-Mg2.5　3—Al-Mg3.5　4—Al-Mg5.2

当向焊丝中添加Ti、Zr、B、V等强化元素时，在熔池中能优先与铝生成难熔金属间化合物（Al_3Ti、Al_3Zr、AlB、Al_7V），成为非自发核心，起到细化晶粒的作用，从而改善塑性和韧性。从图3-3看出，在相同的焊接工艺条件下，焊丝中不加变质剂时，裂纹率最高；加入的变质剂中w_{Zr}=0.15%时，裂纹率有所降低；加入的变质剂中w_{Ti+B}=0.1%时，可显著提高合金的抗裂性。

2. 选择合适的装配-焊接顺序

选择合适的装配-焊接顺序，可为每条焊缝冷却时创造适度收缩的条件，降低拘束，减小焊接应力，从而降低裂纹倾向。

3. 选择合适的焊接方法

尽量用自动焊取代焊条电弧焊，减少频繁引弧、熄弧。采用对母材热影响较小的焊接方法，如钨极脉冲交流氩弧焊等，以细化晶粒，减小热影响区。

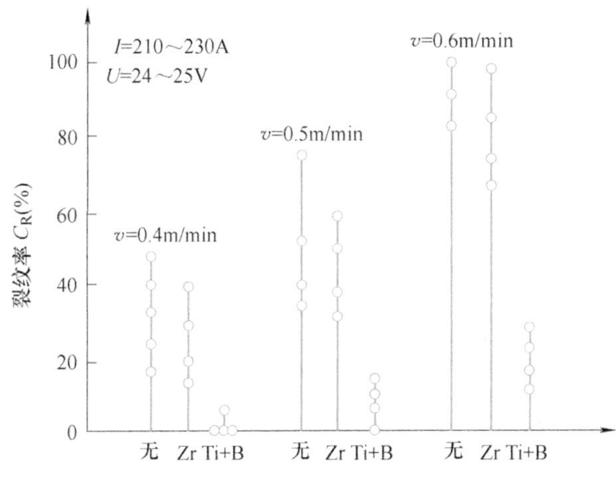

图3-3　焊丝中变质剂对焊缝抗裂性的影响

（五）接头发生软化

铝及铝合金焊接后，存在着不同程度的接头软化问题，特别是可热处理强化铝合金的焊接接头软化问题更为严重。一些铝合金MIG焊接头和母材的力学性能比较见表3-4。对于不可热处理强化铝合金（如Al-Mg合金），在退火状态下焊接时，接头与母材基本上是等强度的；在加工硬化状态下焊接时，接头强度低于母材强度，这说明在加工硬化状态下焊接时接头出现软化现象。对于可热处理强化铝合金，无论是在退火状态还是时效状态下焊接，若焊后不经热处理，接头强度均低于母材强度。在时效状态下焊接的硬铝，即使焊后进行人工时效，接头强度往往也达不到焊前母材的水平。

对于不可热处理强化铝合金，加热温度超过再结晶温度时，热影响区晶粒粗大，加工硬化的效果会减小或消失，致使接头发生软化。采用热量集中的焊接方法可以防止热影响区粗晶区加大；焊后冷态敲击焊接接头，也能产生一定的冷作硬化效果。

表 3-4　一些铝合金 MIG 焊接头和母材的力学性能比较

分类	合金系（牌号）	母材（最小值）				接头（焊缝余高削除）				
		状态	R_m/MPa	R_{eL}/MPa	A(%)	焊丝	焊后热处理	R_m/MPa	R_{eL}/MPa	A(%)
不可热处理强化	Al-Mg（5052）	退火	173	66	20	5356	—	200	96	18
		加工硬化	234	178	6	5356	—	193	82.3	18
可热处理强化	Al-Cu-Mg（2024）	退火	220	1.9	16	4043	—	207	109	15
						5356	—	207	109	15
		固溶+自然时效	427	275	15	4043	—	280	201	3.1
						5356	—	295	194	3.9
						同母材	—	289	275	4
	Al-Cu（2219）	固溶+人工时效	463	383	10	2319	—	285	208	3

对于可热处理强化铝合金，无论是在退火状态还是在时效状态下焊接，均会产生明显的接头软化现象。软化区主要在焊缝或热影响区。可热处理强化铝合金焊接接头组织示意图如图3-4所示。在过时效软化区中，由于加热温度超过了时效温度而产生退火作用，使合金时效强化作用完全或部分消失，强度、硬度大大降低，进而成为热影响区中强度最低的部位。过时效软化区软化的程度与合金的化学成分、焊接热输入有关。从合金成分来看，第二相对时效反应越敏感，越容易脱溶并聚集长大，则软化越严重。如Al-Cu-Mg合金焊接后，热影响区强度下降的幅度就比较大，放置一段时间后也不会恢复；而Al-Zn-Mg合金，在焊后经4天自然时效，软化明显改善，而经过90天的自然时效，软化现象基本消失。在焊接对软化敏感的合金时，理想的程序是在退火状态下焊接，焊后进行固溶+人工时效处理；否则，接头强度难以达到与母材“等强”。若必须在时效状态下焊接时，则应选用热量集中、加热迅速的焊接方法，以减少接头的强度损失。在常用的熔焊方法中MIG焊的效果较好。

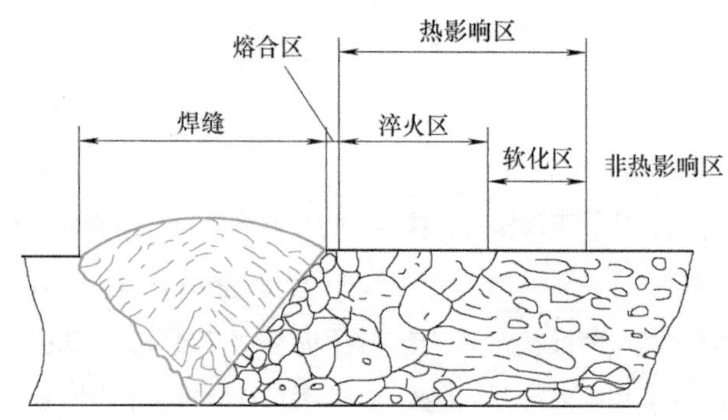

图3-4　可热处理强化铝合金焊接接头组织示意图

（六）耐蚀性下降

纯铝和防锈铝多用于要求耐蚀性的场合。在实际生产中，即使采用可靠的焊接方法，配合高纯度的焊丝，严格按照操作规程焊接，焊接接头的耐蚀性一般仍低于母材。尤其是可热处理强化铝合金的焊接接头尤为明显。接头耐蚀性下降的主要原因如下。

1. 接头的组织不均匀

因焊接热循环的影响，使得焊缝和热影响区组织不均匀，并且还存在着偏析，这会使接头各部位产生电极电位差，在腐蚀介质中形成微电池，产生电化学腐蚀，从而破坏氧化膜的完整性和致密性，使腐蚀过程加速。

2. 焊接接头存在焊接缺陷

在焊接接头中存在的咬边、气孔、夹杂、未焊透等焊接缺陷破坏了接头表面氧化膜的连续性，在与腐蚀介质接触时，不仅表面腐蚀，还会因缺陷处的腐蚀介质浓度比正常表面高而导致该部位的腐蚀速度加快，并深入到金属内部，造成整个接头的耐蚀性降低。

3. 焊缝组织的影响

焊缝组织较母材粗大疏松，为粗大的铸态组织，表面也不如母材光滑，表面氧化膜的连续性和致密性差。另外，焊缝为铸态组织，具有明显的柱状晶特点，枝晶偏析使焊缝具有很大的组织和成分不均匀性，导致耐蚀性下降。

4. 焊接残余应力的影响

焊接残余应力的存在，是导致接头产生应力腐蚀的主要原因，尤其是在热影响区会诱发产生应力腐蚀。

为了提高接头的耐蚀性，在实际生产中通常采用的措施有：选用纯度高于母材的焊丝，以减少焊缝金属中的杂质含量；选用合适的焊接方法及焊接参数，以减小焊接热影响区，防止接头过热，并尽可能减少工艺性焊接缺陷；焊后碾压或锤击焊缝表面，使焊缝的铸态组织趋于致密，并可消除局部拉应力；调节工艺条件，改善焊缝柱状晶生长方向；增加焊后人工时效的温度和时间，使热影响区的电极电位均匀化；采取阳极氧化处理或涂层保护等保护措施。

四、铝及铝合金的焊接工艺要点

（一）焊接方法

铝及铝合金的导热性强，比热容和线膨胀系数大，所以在焊接时消耗的热功率大，并且需要采用热量集中的热源，否则会引起未焊透等缺陷。常用的铝及铝合金焊接方法有氩弧焊（TIG、MIG）、等离子弧焊、电阻焊及钎焊等。气焊和焊条电弧焊在铝及铝合金焊接中已被氩弧焊取代。表3-5列出了铝及铝合金焊接方法的特点及应用范围。

表 3-5　铝及铝合金焊接方法的特点及应用范围

焊接方法	特　点	应用范围
TIG焊	惰性气体保护,电弧热量集中,稳定性好,焊缝成形美观,接头质量好	主要用于板厚为6mm以下的重要结构的焊接
MIG焊	惰性气体保护,电弧功率大,热量集中,焊接效率高,热影响区小,接头质量好	主要用于板厚为6mm以上的中厚板结构的焊接
电子束焊	功率密度大,焊缝深宽比大,热影响区及焊件变形小,接头质量好,生产率高	主要用于板厚为3~75mm的非常重要结构的焊接
电阻焊	接头在压力下凝固结晶,不需添加焊接材料,生产率高	主要用于板厚为4mm以下薄板的搭接焊
钎焊	母材不发生熔化,焊接应力及焊接变形小,但接头强度低	主要用于板厚大于0.15mm薄板的搭接、套接等
气焊	设备简单,操作方便,火焰功率较低,热量分散,焊件变形大,焊接接头质量较差	适用于焊接质量要求不高的薄板(板厚为0.1~10mm)结构或铸件的补焊
焊条电弧焊	电弧热量集中,焊接速度快,但焊缝致密性差且表面粗糙,焊接接头质量较差	仅用于板厚大于4mm且要求不高的焊件的补焊及修复件焊接

（二）焊接材料

铝及铝合金的焊接材料主要为焊丝、保护气。焊丝分为同质焊丝和异质焊丝；保护气分为纯惰性保护气和混合保护气。为了获得满足服役要求的接头，应根据母材化学成分、结构件特点、使用要求及施工条件等因素，选择合适的焊接材料，具体原则如下。

1. 同质焊丝

用于焊接与其成分相同或相近的母材，可根据母材成分选用。若无现成焊丝，也可从母材上切下窄条作为填充金属。母材为纯铝、3A21、5A06、2A16等时，可采用此类焊丝。

2. 异质焊丝

为提高焊缝的抗裂能力，使用与母材成分相差较大的焊丝。例如$w_{Si}=5\%$的Al-Si焊丝，这种焊丝可在焊缝中产生大量的（α+Si）共晶，流动性好，对裂纹有很好的“愈合”作用，因而可提高焊缝的抗裂能力，可通用于除Al-Mg合金以外的各种铝合金。Al-Mg合金焊接时，为了补充焊缝中的镁量烧损，最常用的是$w_{Mg}=5\%$的SAlMg-5（SAl 5556）焊丝。这种焊丝也可用于Al-Mg-Si系合金的焊接。由于Al-Mg合金焊接时，焊缝中硅与镁形成脆性相，降低塑性和耐蚀性，所以焊接Al-Mg合金不能采用A1-Si焊丝。Al-Mn合金焊接时，可选用纯铝焊丝，如SAl-2（SAl 1070）、SAl-3（SAl 1450）等，也可选用专用焊丝SAlMn（SAl 3103）或者SAlMg-5。

若在母材的基础上加入变质剂（如Ti、Zr、B、V等），并适当调整合金元素（如Cu、Mg、Zn）的含量，能细化晶粒、缩小结晶温度区间或增加共晶数量，所得焊缝金属既有良好的抗裂性，又有较好的强度和韧性。

3. 纯惰性保护气

纯惰性保护气一般分为99.99%（体积分数）氩气和99.99%（体积分数）氦气。氦气的电离电位较高，焊接时引弧困难；与氩气相比，其热导率大，在相同的焊接电流和电弧强度下电压高、电弧温度高，因此母材输入热量大，焊接速度快，弧柱细而集中，焊缝有较大的熔透率，但电弧稳定性比氩弧稍差。由于氦气价格昂贵，故一般采用氩气进行保护。

4. 混合保护气

为了控制焊缝中的氢气孔，有时向氩气中混入一定量的CO_2、O_2等氧化性气体，利用其高温下分解出的O对H进行氧化。

（三）焊前准备

铝及铝合金表面的氧化膜、油污、汗渍等会严重影响焊接接头质量，所以焊接前必须进行严格的清理。常采用化学清洗和机械清理两种方法。化学清洗溶液配方及要求见表3-6。

表3-6 铝及铝合金的化学清洗溶液配方及要求

焊件	除油	碱洗			冲洗	中和光化			冲洗	干燥
		溶液	温度/℃	时间/min		溶液	温度/℃	时间/min		
纯铝	汽油、丙酮、四氯化碳、磷酸三钠	6%~12% NaOH	40~60	≤20	流水清洗	30%HNO_3	室温或40~60	1~3	流水清洗	风干或低温干燥
铝镁、铝锰合金		6%~10% NaOH	40~60	≤7	流水清洗	30%HNO_3	室温或40~60	1~3	流水清洗	风干或低温干燥

注：表中溶液的含量为质量分数。

用丙酮或汽油擦洗焊件表面油污后，用钢丝刷、机械切削或锉刀、刮刀等将坡口两侧

30~40mm范围内氧化膜清理干净。应尽量避免使用砂轮、砂纸或喷砂等方法清理，以防残留砂粒进入焊缝形成夹渣。

由于铝材热导率高，熔焊时散热快，当装配件厚度大、尺寸大时，可考虑实施焊前预热。钨极氩弧焊铝材厚度超过10mm，熔化极氩弧焊铝材厚度超过15mm、钨极及熔化极氦弧焊铝材厚度超过25mm时，焊前可对装配件实施预热。预热温度视具体情况而定。未强化的铝合金的预热温度一般为100~150℃，经强化的铝合金，包括w_{Mg}=4%~5%的铝镁合金，预热温度不应超过100℃，否则铝材的强化效果或耐蚀性会受到不利影响。

（四）焊接工艺要点

1. TIG焊

TIG焊为铝及铝合金焊接最常用的一种方法。采用TIG焊时，电弧稳定，热量集中，可有选择地添加或不添加填充金属，焊缝成形美观，接头强度、塑性和韧性好；采用交流TIG焊，阴极有“清理”作用，钨极也不致过热产生损伤或熔化。

（1）接头与坡口形式　铝及铝合金TIG焊接头与坡口形式见表3-7。

表 3-7　铝及铝合金 TIG 焊接头与坡口形式

接头与坡口形式		板厚δ/mm	间隙b/mm	钝边p/mm	坡口角度α/(°)
对接接头	卷边	≤2	<0.5	<2	—
	I 形坡口	1~5	0.5~2	—	—
	V形坡口	3~5	1.5~2.5	1.5~2	60~70
搭接接头		<1.5	0~0.5	搭接长度L≥2δ	—
		1.5~3	0.5~1	搭接长度L≥2δ	—
角接接头	I 形坡口	<12	<1	—	—
	V形坡口	3~5	0.8~1.5	1~1.5	50~60
		>5	1~2	1~2	50~60
T形接头	I 形坡口	3~5	<1	—	—
		6~10	<1.5	—	—

（2）焊接参数　手工焊接操作灵活，使用方便，常用于焊接尺寸较小的短焊缝、角焊缝及大尺寸结构件的不规则焊缝。手工钨极交流氩弧焊参数见表3-8。

表 3-8　铝及铝合金手工钨极交流氩弧焊参数

板材厚度/mm	焊丝直径/mm	钨极直径/mm	预热温度/℃	焊接电流/A	氩气流量/L·min^{-1}	喷嘴孔径/mm	焊接层数（正面/反面）	备注
1	1.6	2	—	45~60	7~9	8	正1	卷边焊
1.5	1.6~2.0	2	—	50~80	7~9	8	正1	卷边或单面对接焊

（续）

板材厚度/mm	焊丝直径/mm	钨极直径/mm	预热温度/℃	焊接电流/A	氩气流量/L·min^{-1}	喷嘴孔径/mm	焊接层数（正面/反面）	备注
2	2~2.5	2~3	—	90~120	8~12	8~12	正1	对接焊
3	2~3	3	—	150~180	8~12	8~12	正1	V形坡口对接
4	3	4	—	180~200	10~15	8~12	1~2/1	V形坡口对接
5	3~4	4	—	180~240	10~15	10~12	1~2/1	V形坡口对接
6	4	5	—	240~280	16~20	14~16	1~2/1	V形坡口对接
8	4~5	5	100	260~320	16~20	14~16	2/1	V形坡口对接
10	4~5	5	100~150	280~340	16~20	14~16	3~4/1~2	V形坡口对接
12	4~5	5~6	150~200	300~360	18~22	16~20	3~4/1~2	V形坡口对接
14	5~6	5~6	180~200	340~380	20~24	16~20	3~4/1~2	V形坡口对接
16	5~6	6	200~220	340~380	20~24	16~20	4~5/1~2	V形坡口对接
18	5~6	6	200~240	360~400	25~30	16~20	4~5/1~2	V形坡口对接
20	5~6	6	200~260	360~400	25~30	20~22	4~5/1~2	V形坡口对接
16~20	5~6	6	200~260	300~380	25~30	16~20	2~3/2~3	X形坡口对接
22~25	5~6	6~7	200~260	360~400	30~35	20~22	3~4/3~4	X形坡口对接

自动焊时，电弧运行及焊丝填入均为自动进行，焊接参数可严格控制，因此焊缝平直、美

观。自动钨极交流氩弧焊参数见表3-9。

表 3-9 铝及铝合金自动钨极交流氩弧焊参数

板材厚度/mm	焊接层数	钨极直径/mm	焊丝直径/mm	喷嘴孔径/mm	氩气流量/L·min^{-1}	焊接电流/A	送丝速度/m·h^{-1}
1	1	1.5~2	1.6	8~10	5~6	120~160	—
2	1	3	1.6~2	8~10	12~14	180~220	65~70
3	1~2	4	2	10~14	14~18	220~240	65~70
4	1~2	5	2~3	10~14	14~18	240~280	70~75
5	2	5	2~3	12~16	16~20	280~320	70~75
6~8	2~3	5~6	3	14~18	18~24	280~320	75~80
9~12	2~3	6	3~4	14~18	18~24	300~340	80~85

2. MIG焊

MIG焊工艺方法生产率高，尤其是大电流MIG焊适用于厚板焊接。当板厚大于6mm时，常采用MIG焊。MIG焊时熔滴过渡形式有短路过渡、射流过渡和亚射流过渡三种。亚射流熔滴过渡可得到盆底状焊缝截面，力学性能优于短路浅熔深和射流过渡指状熔深，故MIG焊一般推荐采用亚射流熔滴过渡形式。焊接时，采用直流反接，利用“阴极清理”作用去除焊件表面氧化膜；保护气一般选用Ar，为提高效率和降低气孔倾向，可选用Ar+He；控制好送丝速度、焊枪倾角、焊接速度和喷嘴高度。铝合金MIG焊对接接头典型焊接参数见表3-10。

表 3-10 铝合金 MIG 焊对接接头典型焊接参数

<table>
<tr><th>板厚/mm</th><th>坡口形式</th><th>坡口角度/(°)</th><th>间隙/mm</th><th>钝边/mm</th><th>焊丝直径/mm</th><th>送丝速度/m·min^{-1}</th><th>焊接电流/A</th><th>电弧电压/V</th><th>焊道数</th></tr>
<tr><td>2</td><td>I</td><td>—</td><td>0</td><td>2</td><td>0.8</td><td>5.0</td><td>110</td><td>20</td><td>1</td></tr>
<tr><td>4</td><td>I</td><td>—</td><td>0</td><td>4</td><td>1.2</td><td>3.1</td><td>170</td><td>22</td><td>1</td></tr>
<tr><td rowspan="2">5</td><td>I</td><td>—</td><td>0</td><td>5</td><td>1.6</td><td>4.3</td><td>200</td><td>25</td><td>1</td></tr>
<tr><td>Y</td><td>70</td><td>0</td><td>1.5</td><td>1.6</td><td>5.6</td><td>160</td><td>22</td><td>1</td></tr>
<tr><td rowspan="2">6</td><td>I</td><td>—</td><td>0</td><td>6</td><td>1.6</td><td>7.1</td><td>230</td><td>26</td><td>1</td></tr>
<tr><td>Y</td><td>70</td><td>0</td><td>1.5</td><td>1.6</td><td>6.0</td><td>170</td><td>22</td><td>1</td></tr>
<tr><td rowspan="2">8</td><td rowspan="2">Y</td><td rowspan="2">70</td><td rowspan="2">0</td><td rowspan="2">1.5</td><td rowspan="2">1.6</td><td>1L: 6.8</td><td>220</td><td>26</td><td rowspan="2">2</td></tr>
<tr><td>2L: 6.8</td><td>220</td><td>26</td></tr>
<tr><td rowspan="3">10</td><td rowspan="3">Y</td><td rowspan="3">60</td><td rowspan="3">0</td><td rowspan="3">2.0</td><td rowspan="3">1.6</td><td>1L: 6.2</td><td>220</td><td>26</td><td rowspan="3">3</td></tr>
<tr><td>2L: 6.0</td><td>200</td><td>24</td></tr>
<tr><td>G: 7.2</td><td>230</td><td>26</td></tr>
</table>

（续）

板厚/mm	坡口形式	坡口角度/(°)	间隙/mm	钝边/mm	焊丝直径/mm	送丝速度/$m \cdot min^{-1}$	焊接电流/A	电弧电压/V	焊道数
12	Y	60	0	1.5	1.2	1L: 13.7	240	26	3
						2L: 12.2	220	26	
						G: 15.6	250	28	

注：1L—1道；2L—2道；G—背面焊道；焊丝与母材相同。

3. 气焊

薄板（板厚为0.5~10mm）铝合金件以及对质量要求不高或补焊的铝及铝合金铸件焊接时，可采用气焊的方法。

（1）气焊的接头形式　铝及铝合金气焊时，不宜采用搭接接头和T形接头，因为这种接头难以清理缝隙中的残留熔剂和焊渣，应采用对接接头。

（2）气焊熔剂的选用　气焊熔剂分为含氯化锂和不含氯化锂两类。含氯化锂熔剂的熔点低，产生的焊渣熔点、黏度低，流动性和润湿性好，焊后焊渣易于清除，适用于薄板和全位置焊接；但它吸湿性强，容易产生气孔。不含氯化锂熔剂则相反，适用于焊接厚件。

（3）气焊操作　采用中性焰或微弱碳化焰。若采用氧化性较强的氧化焰，会使焊件强烈氧化；而乙炔过多时，会促使焊缝产生气孔。

气焊薄板时可采用左焊法，焊丝位于焊接火焰之前，这种焊法因火焰指向未焊金属，故热量散失一部分，有利于防止熔池过热、热影响区金属晶粒长大和烧穿。

五、编制5052铝合金的焊接工艺

根据焊接技术员的分组，每个小组讨论可以选择的焊接方法，并根据虚拟车间现有的常用焊接设备，每位技术员编制一种焊接方法的焊接工艺。技术员一定要认真分析5052铝合金的特点，根据相关法规和标准的要求按照表3-11中的格式编制焊接工艺卡。可以适当修改、增加或取消部分内容，但要尽量符合生产的需要。

课内小组交流、讨论并修改焊接工艺。

表3-11　焊接工艺卡（参考格式）

<table>
<tr><td>产品名称</td><td colspan="2"></td><td colspan="2">产品型号</td><td colspan="3"></td><td>零部件名称</td><td></td></tr>
<tr><td>焊接工艺指导书编号</td><td colspan="2"></td><td colspan="2">焊接工艺评定编号</td><td colspan="3"></td><td>图号</td><td></td></tr>
<tr><td>母材</td><td colspan="2"></td><td colspan="2">规格</td><td colspan="3"></td><td>牌号、类组别号</td><td></td></tr>
<tr><td rowspan="2">气体</td><td rowspan="2"></td><td rowspan="2">配比</td><td rowspan="2"></td><td rowspan="2">流量/$L \cdot min^{-1}$</td><td>主喷嘴</td><td>拖罩</td><td>背面</td><td rowspan="2">清根方式</td><td rowspan="2"></td></tr>
<tr><td></td><td></td><td></td></tr>
<tr><td>接头编号</td><td colspan="7"></td><td>焊工资格</td><td></td></tr>
</table>

（续）

焊缝层次	焊接方法	焊接材料		电源及极性	焊接电流/A	电弧电压/V	钨极直径/mm	喷嘴孔径/mm
		牌号	规格					
1								
2								
3								
焊接接头示意图：				技术要求及说明：				

六、按照工艺焊接试件

（一）焊前准备

$\phi80\times5$mm 铝合金管水平固定钨极氩弧焊

（1）材料准备　准备符合国家标准的5052铝合金管、按照焊接工艺卡选择焊接材料等，并按照要求清理、烘干保温等。

（2）用具准备　准备手套、面罩、榔头、錾子、尖嘴钳、三角铁、锉刀、钢刷、记录笔和纸、计时器等。

（3）设备准备　根据选择的焊接方法选择焊接设备、切割机、台虎钳等。

（4）测量工具准备　准备坡口角度尺、焊缝测量尺等。

（5）定位焊

1）坡口表面要求。坡口表面不得有裂纹、分层、夹杂等缺陷。

2）施焊前，应清除坡口及母材两侧20mm范围内的氧化物、油污、焊渣及其他有害杂质。

3）适当增加定位焊缝的截面和长度。定位焊时适当加大焊接电流，降低焊接速度。

（二）焊接操作

操作要领如下。

1）焊丝与焊件间应尽量保持最小的夹角（10°~15°），焊丝沿熔池前端平稳、均匀地送入熔池，不得将焊丝端部移出氩气保护区。

2）焊枪与焊件间的夹角为70° ~80° 。焊接时，焊枪基本不做横向摆动，当需要摆动时，频率要低，摆动幅度也不宜太大，以防止影响氩气的保护效果。

3）中断或结束焊接时，要防止弧坑裂纹和缩孔。利用电流衰减、加快焊接速度、加大焊丝填充频率来填满弧坑。

焊接时严格按照编制的焊接工艺卡进行焊接，对焊前、焊接过程及焊后质量进行外观检查，并且做好详细的焊接记录。

七、分析焊接质量并完善焊接工艺

（一）常见焊接缺陷分析

焊接接头容易出现气孔、裂纹、夹杂等缺陷，应根据检查结果对焊接材料进行调整，焊接过程中注意焊接参数的调节、焊接速度的控制以及钨极尖端离焊件的距离。

（二）完善焊接工艺

根据焊接操作过程、焊接参数选用特点和焊后焊接质量的外观检查，小组讨论、交流，完善焊接工艺。

复习思考题

一、选择题

1. 下列是纯铝牌号的是（　　）。

A. 1A99　　B. 2A11　　C. 5A05　　D. 5B05

2. 铝及铝合金焊接时最易产生的是（　　）气孔。

A. CO　　B. H_2　　C. N_2　　D. O_2

3. 铝及铝合金焊接接头耐蚀性降低的主要原因不是（　　）。

A. 接头组织不均匀　　B. 焊接接头中存在的焊接缺陷

C. 焊缝金属铸态组织的形成　　D. 焊接压应力

4. 钨极氩弧焊焊接铝及铝合金常采用的电源及极性是（　　）。

A. 直流正接　　B. 直流反接

C. 交流焊　　D. 直流正接或交流焊

5. 熔化极氩弧焊焊接铝及铝合金采用的电源及极性是（　　）。

A. 直流正接　　B. 直流反接　　C. 交流焊　　D. 直流正接或交流焊

6. 焊接铝及铝合金时，在焊件坡口下面放置垫板的目的是为了防止（　　）。

A. 热裂纹　　B. 冷裂纹　　C. 气孔　　D. 塌陷

7. 铝合金焊接时焊缝容易产生（　　）。

A. 热裂纹　　B. 冷裂纹　　C. 再热裂纹　　D. 层状撕裂

8. 常用来焊接除铝镁合金以外的铝合金的通用焊丝型号是（　　）。

A. SAl-3　　B. SAlSi-1　　C. SAlMn　　D. SAlMg-5

9. 用来焊接铝镁合金的焊丝型号是（　　）。

A. SAl-3　　B. SAlSi-1　　C. SAlMn　　D. SAlMg-5

10. 不能提高铝及铝合金焊接接头耐蚀性的措施是（　　）。

A. 选用纯度高于母材的焊丝　　B. 减小焊接热影响区，防止接头过热

C. 减少焊后人工时效的温度和时间　　D. 采取阳极氧化处理或涂层保护

二、填空题

1. 为防止可热处理强化铝合金的软化，焊接时应采用__________的焊接热输入。

2. 铝合金按热处理方式，可分为________铝合金和________铝合金。

3. 铝及铝合金焊接时软化区主要是在________和________。

4. TIG焊时，应采用________电流配合较高的焊接速度，以减少气孔。

三、判断题

1. 铝和铝合金焊接时，只有采用直流正接才能产生阴极破碎作用，去除工件表面的氧化膜。（　）

2. 铝及铝合金焊接时，表面颜色随温度变化有明显改变。（　）

3. 表面抛光（光亮处理）的铝及铝合金焊丝无须焊前清理或清洗。（　）

4. 手工钨极氩弧焊焊接铝及铝合金时，一般都采用交流电源焊接。（　）

5. 铝及铝合金的熔点低，焊前不能预热。（　）

6. 铝及铝合金焊接时，其焊接接头有软化现象。（　）

7. 铝及铝合金的焊前预热是为了防止冷裂纹。（　）

8. 由于铝及铝合金溶解氢的能力强，因此焊接时容易产生热裂纹。（　）

9. 铝易与空气中的氧作用生成一层牢固、致密的氧化膜。（　）

10. 铝及铝合金焊接时，焊接接头容易产生热裂纹。（　）

11. 铝合金气焊后清理的目的是：清除残留在焊缝及邻近区域的熔剂，以防腐蚀焊件。（　）

12. 在采用熔化极氩弧焊焊接铝及铝合金时，保护气除了采用惰性气体，还可以采用其他活性气体。（　）

13. 铝及铝合金焊丝是根据化学成分来分类并确定型号的。（　）

14. 铝及铝合金的熔化极氩弧焊的生产率比手工钨极氩弧焊高。（　）

15. 铝及铝合金焊接前要仔细清理焊件表面，其主要目的是为了防止产生气孔。（　）

16. 铝及铝合金工件和焊丝经过清理后，在存放过程中不会重新产生氧化膜。（　）

任务二 铜及铜合金焊接工艺编制及焊接

任务解析

通过分析铜及铜合金的焊接性，确定所采用的焊接方法、焊接材料，编制铜及铜合金焊接工艺并实施，掌握铜及铜合金的焊接要点。

必备知识

一、 铜及铜合金的常见焊接结构

铜及铜合金广泛应用在热交换器（图3-5）的制造中，焊接结构多采用对接接头形式。

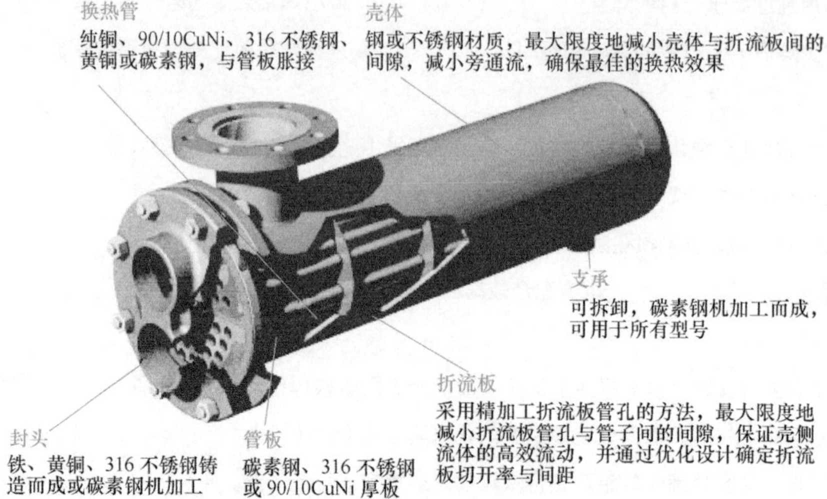

图3-5 管式热交换器

二、铜及铜合金的分类及特点

铜具有面心立方结构，其密度是铝的3倍，电导率和热导率是铝的1.5倍。铜及铜合金具有优良的导电性、导热性，高的抗氧化性以及在淡水、盐水、氨碱溶液和有机化学物质中良好的耐蚀性，且具有良好的冷热加工性能和较高的强度。因此铜及铜合金成为电子、化工、船舶、能源动力、交通等工业领域中高效导热和换热管道、导电、耐蚀部件的优选材料。

铜及铜合金的种类繁多，目前大多数都是根据化学成分进行分类。常用的铜及铜合金在表面颜色上区别很大，根据表面颜色可以分为纯铜、黄铜、青铜及白铜，但是实质上对应的是纯铜、铜锌、铜锡（或铝等）和铜镍合金，见表3-12。

表 3-12 铜及铜合金的分类

分类	合金系	性能特点	典型牌号
纯铜	Cu	导电性、导热性好，良好的常温和低温塑性，对大气、海水和某些化学药品的耐蚀性好	T1
黄铜	Cu-Zn	在保持一定塑性的情况下，强度、硬度高，耐蚀性好	H62
青铜	Cu-Sn	较高的力学性能、耐磨性、铸造性和耐蚀性，并保持一定的塑性，焊接性良好	QSn6.5-0.4
	Cu-Al		QAl9-2
	Cu Si		QSi3-1
	Cu-Be		QBe0.6-2.5
白铜	Cu-Ni	力学性能、耐蚀性较好，在海水、有机酸和各种盐溶液中具有较高的化学稳定性，优良的冷、热加工性能	B19

（一）纯铜

纯铜具有很高的导电性、导热性，良好的耐蚀性和塑性。在退火状态（软态）下塑性较高，但强度不高；通过冷加工变形后（硬态），可提高其强度和硬度，但塑性明显下降。冷加工后经550~600℃退火，可使塑性完全恢复。焊接结构一般采用软态纯铜。纯铜的牌号和化学成分见表3-13，其性能见表3-14。

表 3-13　纯铜的牌号和化学成分

名称	牌号	化学成分(质量分数,%)								
		Cu+Ag（最小值）	P	Bi	Sb	Fe	Pb	S	Zn	O
纯铜	T1	99.95	0.001	0.001	0.002	0.005	0.003	0.005	0.005	0.02
	T2	99.90	—	0.001	0.002	0.005	0.005	0.005	—	—
	T3	99.70	—	0.002	—	—	0.01	—	—	—
无氧铜	TU1	99.97	0.002	0.001	0.002	0.004	0.003	0.004	0.003	0.002
	TU2	99.95	0.002	0.001	0.002	0.004	0.004	0.004	0.003	0.003
	TU3	99.95	—	—	—	—	—	—	—	0.0010
磷脱氧铜	TP1	99.90	0.004~0.012	—	—	—	—	—	—	—
	TP2	99.90	0.015~0.040	—	—	—	—	—	—	—

表 3-14　纯铜的性能

纯铜状态	力学性能		物理性能						
	抗拉强度/MPa	断后伸长率(%)	密度/$g \cdot cm^{-3}$	熔点/℃	热导率/$W \cdot (m \cdot K)^{-1}$	比热容/$J \cdot (g \cdot K)^{-1}$	电阻率/$10^{-8}\Omega \cdot m$	线膨胀系数/$10^{-6}K^{-1}$	表面张力/$10^{-5}N \cdot cm$
软态	196~235	50	8.94	1083	391	0.384	1.68	16.8	1300
硬态	392~490	6							

（二）黄铜

普通黄铜是铜和锌的二元合金，表面呈淡黄色。黄铜具有比纯铜高得多的强度、硬度和耐蚀性，并具有一定的塑性，能很好地承受热压和冷压加工。黄铜的牌号为H××，其中“H”是“黄”的汉语拼音的第一个字母，后面“××”两位数字表示铜的质量分数，其余为锌，如H95表示铜的质量分数为95%的黄铜。

在黄铜中加入锡、铅、锰、硅、铁等元素就成为特殊黄铜，如HPb59-1就表示铜的质量分数为59%、铅的质量分数为1%、其余为锌的特殊黄铜。黄铜的性能见表3-15。

表 3-15　黄铜的性能

牌号	材料状态或铸型	力学性能		物理性能				
		抗拉强度/MPa	断后伸长率(%)	密度/$g \cdot cm^{-3}$	熔点/℃	热导率/$W \cdot (m \cdot K)^{-1}$	电阻率/$10^{-8}\Omega \cdot m$	线膨胀系数(20℃)/$10^{-6}K^{-1}$
H68	软态	313	55	8.5	932	117.0	6.8	19.9
	硬态	646	3					
H62	软态	323	49	8.43	905	108.7	7.1	20.6
	硬态	588	3					
ZCuZn16Si4	砂型	345	15	8.3	900	41.8	—	17.0
	金属型	390	20					
ZCuZn25Al6Fe3Mn3	砂型	725	10	8.5	899	49.7	—	19.8
	金属型	740	7					

（三）青铜

凡不以锌、镍为主要组成元素，而以锡、铝、硅、铅、铍等元素为主要组成元素的铜合金，称为青铜。青铜所加入的合金元素含量与黄铜一样，均控制在铜的溶解度范围内，所获得的合金基本上是单相组织。青铜具有较高的力学性能、铸造性和耐蚀性，并具有一定的塑性。除铍青铜外，其他青铜的导热性比纯铜和黄铜降低几倍至几十倍，且具有较窄的结晶温度区间，大大改善了焊接性。

加工青铜的牌号是用“Q”加第一个主添合金元素符号及除铜以外的成分数字组表示。常用的青铜有锡青铜（QSn4-3、QSn6.5-0.4）、铝青铜（QAl9-2）和硅青铜（QSi3-1）等。青铜的性能见表3-16。

（四）白铜

白铜为镍的质量分数低于50%的铜镍合金。加入锰、铁、锌等元素的白铜分别称为锰白铜、铁白铜、锌白铜。铜镍合金的力学性能、耐蚀性较好，在海水、有机酸和各种盐溶液中具有较高的化学稳定性，优良的冷、热加工性，广泛用于化工、精密机械、海洋工程中。

表 3-16　青铜的性能

牌号	材料状态或铸型	力学性能		物理性能				
		抗拉强度/MPa	断后伸长率(%)	密度/$g \cdot cm^{-3}$	熔点/℃	热导率/$W \cdot (m \cdot K)^{-1}$	电阻率/$10^{-8}\Omega \cdot m$	线膨胀系数/$10^{-6}K^{-1}$
QSn6.5-0.4	砂型	343~441	60~70	8.8	995	50.16	17.6	19.1
	金属型	686~784	7.5~12					

（续）

牌号	材料状态或铸型	力学性能		物理性能				
		抗拉强度/MPa	断后伸长率(%)	密度/$g\cdot cm^{-3}$	熔点/℃	热导率/$W\cdot(m\cdot K)^{-1}$	电阻率/$10^{-8}\Omega\cdot m$	线膨胀系数/$10^{-6}K^{-1}$
QAl9-2	软态	441	20~40	7.6	1060	71.06	12	17.0
	硬态	584~784	4~5					
QSi3-1	软态	343~392	50~60	8.4	1025	45.98	15	15.8
	硬态	637~735	1~5					

三、铜及铜合金的焊接性分析

铜及铜合金具有独特的物理性能，因而它们的焊接性也不同于钢，焊接时的主要问题是难于熔化、易产生焊接裂纹、易产生气孔等。

（一）难熔合、易变形

在焊接纯铜时，当采用的焊接参数与焊接同厚度低碳钢时一样时，则母材很难熔化，填充金属也与母材基本不熔合。这是由于铜的导热性很强（铜和大多数铜合金的热导率比普通碳素钢大7~11倍）的缘故，焊接时热量从加热区迅速传导出去，且焊件越厚散热越严重；尽管铜的熔点较低，但焊接区也难以达到熔化温度，因此造成填充金属与母材不能很好地熔合。有时会误认为是裂纹，实际上是未熔合。同时，由于导热性好，使得焊接热影响区加宽，当焊件刚度较小时，容易产生较大的变形；当焊件刚度较大时，又会在焊件中造成很大的焊接应力。

铜及铜合金焊接时，表面成形差，主要由于铜在熔化时的表面张力比铁小1/3，流动性比钢大1~1.5倍，容易导致熔化金属流失。为此，焊接铜和大多数导热性强的铜合金时，除需采用大功率、高能量密度的焊接方法外，还必须配合不同程度的预热，不允许采用悬空单面焊，单面焊时背面必须附加垫板，以控制焊缝成形。

（二）焊缝及热影响区热裂倾向大

铜及铜合金中存在氧、硫、铅、铋等杂质元素。焊接时，铜能与它们分别生成熔点为270℃的（Cu+Bi），熔点为326℃的（Cu+Pb），熔点为1064℃的（$Cu+Cu_2O$），熔点为1067℃的（$Cu+Cu_2S$）等多种低熔点共晶物，它们在结晶过程中分布在枝晶间或晶界处，使铜及铜合金具有明显的热脆性。在这些杂质中，氧的危害性最大。它不但在冶炼时以杂质的形式存在于铜内，在以后的轧制加工过程和焊接过程中，都会以Cu_2O的形式溶入焊缝金属中。Cu_2O可溶于液态的铜，但不溶于固态的铜，生成熔点略低于铜的低熔点共晶物，导致焊接热裂纹产生。

铜及铜合金的线膨胀系数和收缩率都比较大，而且导热性强，在焊接时又要采用大功率的热源，加热区域较宽，故焊接接头将承受较大内应力，这是促使铜及铜合金焊接接头产生裂纹的另一个因素。此外，焊接纯铜时，焊缝为单相组织，由于纯铜导热性强，焊缝易生成粗大晶粒，这也会加剧热裂纹的生成。

在采用熔焊方法焊接铜及铜合金时，应根据具体情况采取如下措施来防止热裂纹的产生。

1）严格限制铜中杂质（氧、铋、铅、硫等）的含量。

2）增强对焊缝的脱氧能力，通过焊丝加入硅、锰、磷等合金元素脱氧。

3）选用能获得双相组织的焊材，破坏低熔点共晶薄膜的连续性，打乱柱状晶的方向，使焊缝晶粒细化。

4）采取预热、缓冷等措施减少焊接应力，减小根部间隙尺寸，并加大根部焊道尺寸，以防止裂纹的产生。

（三）易产生气孔

用熔焊方法焊接铜及铜合金时，气孔出现的倾向比低碳钢要严重得多。所形成的气孔几乎分布在焊缝的各个部位。气孔的来源主要是氢和氧。

1）氢在液态铜中的溶解度较大，在液态转变为固态时溶解度发生突变而大大降低，如图3-6所示。铜的热导率比低碳钢大7倍以上，焊接时铜焊缝的结晶过程进行得非常快，氢不易析出；已经析出的气泡又来不及上浮逸出而形成气孔。

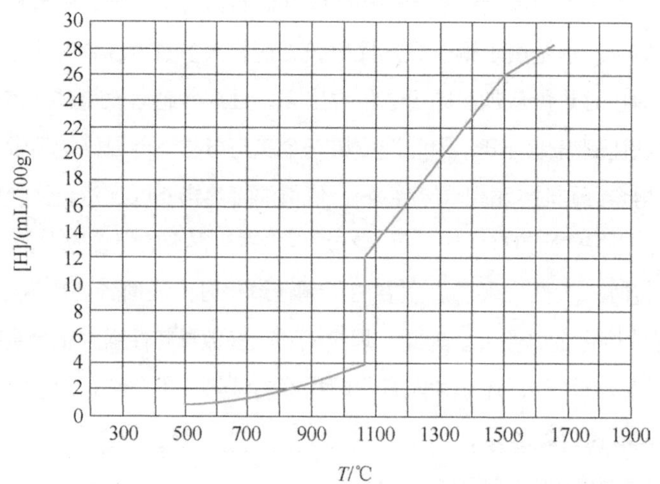

图3-6 氢在铜中的溶解度与温度的关系

2）在焊接高温下，铜与氧生成氧化亚铜（Cu_2O），Cu_2O不溶于铜而析出，进而与氢或一氧化碳反应生成的水蒸气或二氧化碳也不溶于铜，生成反应性气孔。

$$Cu_2O+2H=2Cu+H_2O\uparrow$$

$$Cu_2O+CO=2Cu+CO_2\uparrow$$

3）铜的热导率比铁大8倍以上，焊缝的冷却要快得多，氢扩散逸出和H_2O的上浮条件更恶劣，形成气孔的敏感性自然增大。

为了减少和消除铜焊缝中的气孔，主要措施就是减少氢和氧的来源和预热（延长熔池存在时间，使气体易于析出）。采用含铝、钛等强脱氧剂的焊丝（同时也可脱氮、脱氢）或在铜合金中加入铝、锡等元素都会获得良好的效果。

（四）焊接接头性能下降

铜及铜合金在熔焊过程中，由于晶粒严重长大以及合金元素蒸发、烧损与杂质的渗入使焊接接头的力学性能、导电性和耐蚀性下降。

1. 塑性显著降低

焊缝与热影响区晶粒变粗，各种脆性的低熔点共晶物出现在晶界，削弱金属间的结合力，使接头塑性和韧性显著下降，如采用纯铜焊条电弧焊或埋弧焊时，接头的断后伸长率仅为基材的20%~50%。

2. 导电性下降

铜的导电性与其纯度有很大关系，任何元素的加入都会使导电性下降。铜及铜合金焊接时，合金元素和杂质的加入都会不同程度地导致焊接接头的导电性变差。但如果采用保护效果好的焊接方法，如惰性气体保护焊，且焊接材料选用得当，则接头导电能力可达到母材的90%~95%。

3. 耐蚀性下降

铜合金的耐蚀性是依靠锌、锰、镍、铝等元素的合金化获得的。熔焊过程中这些元素的蒸发和氧化烧损都会不同程度地使接头耐蚀性下降。焊接应力的产生又会增加产生应力腐蚀的危险性，使对应力腐蚀敏感的高锌黄铜、铝青铜、镍锰青铜的焊接接头在腐蚀环境中过早地破坏。

4. 晶粒粗化致使力学性能下降

大多数铜及铜合金在焊接过程中，一般不发生固态相变，焊缝组织为一次结晶的粗大柱状晶。铜合金焊缝金属的晶粒长大，也会使接头的力学性能降低。

此外，黄铜焊接时，锌容易氧化和蒸发（锌的沸点为907℃），锌蒸发时会被氧化成白色烟雾状的氧化锌，妨碍焊接操作人员对熔池的观察和焊接操作，且对人体有害，焊接时要求有良好的通风条件。若采用含硅的填充金属，焊接时可在熔池表面形成一层致密的氧化硅薄膜，阻止锌的氧化和蒸发。

改善接头性能的措施，主要是控制杂质的含量，减少合金烧损，通过合金化对焊缝进行变质处理等；其次尽量减少热作用，焊后进行消除应力处理等。

四、铜及铜合金的焊接工艺要点

（一）焊接方法

可用于铜及铜合金熔焊的工艺方法除了气焊、焊条电弧焊、氩弧焊和埋弧焊外，还有等离子弧焊、电子束焊和激光焊等。固相连接工艺有压焊、钎焊、扩散焊、摩擦焊和搅拌摩擦焊。从铜是常用的焊接金属中导热性最好的这一点考虑，焊接铜及铜合金需要大功率、高能量密度的焊接方法，热效率越高、能量越集中越好。不同厚度的材料对各种焊接方法有其不同的适应性。例如，薄板以钨极氩弧焊及气焊为好；中厚板采用埋弧焊、熔化极氩弧焊和电子束焊较为合理；厚板则推荐采用MIG焊和电渣焊。具体选择时还应根据被焊材料的成分、物理及力学性能特点，以及焊件的结构、尺寸和结构复杂程度，不同服役条件对焊接结构件的要求等条件进行综合考虑。铜及铜合金熔焊方法的特点及应用见表3-17。

表 3-17　铜及铜合金熔焊方法的特点及应用

焊接方法	特　点	应　用
钨极氩弧焊	焊接质量好，易于操作，但焊接成本高	用于薄板（板厚小于12mm），纯铜、黄铜、锡青铜、白铜采用直流正接，铝青铜采用交流，硅青铜采用交流或直流
熔化极氩弧焊	焊接质量好，焊接速度快，效率高，但设备昂贵，焊接成本高	用于板厚大于3mm，若板厚大于15mm优点更显著，采用直流反接
等离子弧焊	焊接质量好，效率高，节省材料，但设备较贵	板厚为6~8mm时可不开坡口，一次焊成，最适用于3~15mm中厚板焊接
焊条电弧焊	设备简单，操作灵活，焊接速度较快，焊接变形小，但焊接质量较差，易产生焊接缺陷	采用直流反接，适用于板厚为2~10mm
埋弧焊	电弧功率大，熔深大，变形小，效率高，焊接质量较好，但容易产生气孔	采用直流反接，适用于板厚为6~30mm的中厚板
气焊	设备简单，操作灵活，但火焰功率低，热量分散，焊接变形大，焊缝成形差，效率低	用于厚度小于3mm的不重要结构中

（二）焊接材料

1. 焊丝

焊接铜及铜合金的焊丝除满足一般工艺与冶金要求之外，主要控制杂质含量和提高脱氧能力，以避免热裂纹及气孔。国产铜及铜合金焊丝见表3-18。

表 3-18　国产铜及铜合金焊丝

牌号	名称	主要化学成分（质量分数，%）	接头抗拉强度/MPa	主要用途
HSCu（CuSn 1MnSi）	特别纯铜焊丝	Sn1.1，Si0.4，Mn0.4，余为Cu	≥196	纯铜氩弧焊、气焊和CJ301配用、埋弧焊和HJ431或HJ150配用
HSCu(CuSn1)	低磷铜焊丝	P0.3，余为Cu	≥196	纯铜气焊及氩弧焊
HSCuZn-2	锡黄铜焊丝	Cu59，Sn1，余为Zn	—	黄铜的气焊、惰性气体保护焊，钎焊铜及铜合金
HSCuZn-4	铁黄铜焊丝	Cu58，Sn0.9，Si0.1，Fe0.8，余为Zn	≥333	黄铜气焊、氩弧焊，钎焊白铜、钢、灰铸铁、镶嵌硬质合金刀具等
非国家标准牌号(SCuAl)	铝青铜焊丝	Al7~9，Mn≤2，余为Cu	—	铝青铜的TIG、MIG焊或用于焊条电弧焊的焊芯
非国家标准牌号(SCuSi)	硅青铜焊丝	Si2.75~3.5，Mn1.0~1.5，余为Cu	—	硅青铜及黄铜的TIG、MIG焊

焊接纯铜用的焊丝中主要加入Si、Mn、P 等脱氧元素。对黄铜来说，脱氧元素Si可抑制Zn的烧损。此外，在焊丝中加入强脱氧元素Al，除脱氧外还可细化焊缝组织，提高接头的塑性和耐蚀性。焊缝中的Fe可提高焊丝的强度和耐磨性，但会降低塑性。焊缝中含有少量的Ti可细化焊缝金属组织，提高强度。加入适量的Sn元素会增加液体金属的流动性，改善焊丝的工艺性能。

2. 焊条

焊条电弧焊焊条分为铜、青铜两类，目前应用较多的是青铜焊条。由于黄铜中的锌容易蒸发，因而极少采用焊条电弧焊，必要时可采用青铜焊条。常用铜及铜合金焊条见表3-19。

表 3-19　常用铜及铜合金焊条

国际型号	药皮类型	焊缝主要化学成分（质量分数,%）	焊缝金属性能	主要应用范围
ECu	低氢型	纯铜　Cu>99	R_m≥176MPa	在大气及海水介质中具有良好的耐蚀性，用于焊接脱氧或无氧铜结构件
ECuSi	低氢型	硅青铜　Si≈3 Mn<1.5 Sn<1.5 余为Cu	R_m≥340MPa A_5>20% 110~130HV	适用于纯铜、硅青铜及黄铜的焊接，以及化工管道等内衬的堆焊
ECuSn B	低氢型	磷青铜　Sn≤8 P≤0.3 余为Cu	R_m≥274MPa A_5≥20% 80~115HV	适用于纯铜、黄铜、磷青铜的焊接，以及磷青铜轴衬、船舶推进器叶片的堆焊
ECuAl	低氢型	铝青铜　Al≈8 Mn≤2 余为Cu	R_m≥392MPa A_5≥15% 120~160HV	适用于铝青铜及其他铜合金、铜合金与钢的焊接

（三）焊前准备

焊前准备主要是指焊前对焊件及焊接材料的清理和坡口加工两项准备工作。铜及铜合金焊件对焊前预处理的要求比较严格。铜及铜合金的焊前清理方法见表3-20。

铜及铜合金的接头形式尽量不采用搭接接头、T形接头、内角接接头，因为这几种接头形式散热快，不易焊透，焊后清除流入焊件缝隙中的熔剂和熔渣很困难。应采用散热条件好的对接接头、端接接头，并根据母材厚度和焊接方法的不同，制备相应的坡口。不同厚度（厚度差大于3mm）的纯铜板对接焊时，厚度大的一端须按规定削薄；开坡口的单面焊对接接头要求背面成形时，须在铜板背面加成形垫板；一般情况下，铜及铜合金不宜立焊和仰焊。

表 3-20 铜及铜合金的焊前清理方法

目的	内容及工艺	
去油污	1) 清除氧化膜之前，将待焊处坡口及其两侧各20mm范围内的油污、脏物等杂质用汽油、丙酮等有机溶剂清洗干净 2) 用温度为30~40℃的10%(质量分数)氢氧化钠水溶液清除坡口油污→用清水冲洗干净→置于质量分数为35%~40%的硝酸(或质量分数为10%~15%的硫酸)水溶液中浸渍2~3min→清水冲洗干净→烘干	
去除氧化膜	机械清理	用风动钢丝轮、钢丝刷或砂布打磨焊丝和焊件表面，直至露出金属光泽
	化学清理	置于70mL/L HNO_3+100mL/L H_2SO_4+1mL/L HCl的混合溶液中进行清洗后，用碱水中和，再用清水冲洗，最后用吹风机吹干

（四）焊接工艺要点

1. 气焊

氧乙炔焊比较适合焊接薄铜件、铜件的修补或不重要结构的焊接。

（1）焊接材料的选择　气焊纯铜常用含有P、Si、Mn 等合金元素的焊丝，用以对熔池脱氧。气焊必须使用焊剂。使用焊剂时，可用水把焊剂调成糊状涂在焊道上或涂于焊丝上，用火焰烤干后即可施焊。

（2）焊接参数的选择和焊前预热　铜的热导率高，一般选用比焊碳素钢时大1~2倍的火焰能量进行焊接。焊接纯铜时，应严格采用中性焰。氧化焰会造成焊缝氧化和合金元素的烧损。还原焰又会提高焊缝的含氢量而引发气孔。为防止焊接内应力，防止出现裂纹、气孔、未焊透等缺陷，纯铜气焊时一般需要预热。对于薄板、小尺寸焊件，预热温度为400~500℃；对于厚大焊件，预热温度提高至600~700℃。黄铜和青铜的预热温度可适当降低。

气焊薄板时应采用左焊法，这有利于抑制晶粒长大。当焊件厚度大于6mm时，则采用右焊法。右焊法能以较高的温度加热母材，又便于观察熔池，操作方便。焊枪运动要尽可能快，每条焊缝不要随意中断焊接过程，最好单道焊一次焊完。焊接长焊缝时，焊前必须留有合适的收缩余量，并要先点固后焊接，焊接时应采用分段退焊法，以减少变形。对于受力或较重要的铜焊件，必须采取焊后锤击接头和热处理工艺措施。薄铜件焊后要立即对焊缝两侧的热影响区进行锤击。5mm以上的中厚板，焊后需要加热至500~600℃后进行锤击。锤击后将焊件再加热至500~600℃，然后在水中急冷，可提高接头的塑性和韧性。黄铜应在焊后尽快在500℃左右退火。

2. 钨极氩弧焊（TIG焊）

钨极氩弧焊由于具有电弧热量集中、热影响区窄、操作灵活的优点，已经成为铜及铜合金熔焊方法中应用最广泛的一种，特别适合于薄件和小件的焊接与补焊。

（1）焊接材料的选择　焊丝有专用和通用两类。不同的铜及铜合金，选择焊丝成分的重点也不相同。对于纯铜和白铜，材料本身不含脱氧元素，一般选择含有Si、P或Ti脱氧剂的无氧铜焊丝和白铜焊丝，如HS201、ECu、RCuSi等，它们具有较高的电导率和与母材颜色相同的特点。

对于黄铜，为了抑制锌的蒸发烧损对气氛造成的污染和对电弧燃烧稳定性造成的不利影响，填充金属不应含锌。焊接普通黄铜时，采用无氧铜加脱氧剂的锡青铜焊丝，如SCuSnA；焊接高强度黄铜时，采用青铜加脱氧剂的硅青铜焊丝或铝青铜焊丝，如SCuAl、SCuSi、RCuSi等。对于青铜, 材料本身所含合金元素就具有较强的脱氧能力，焊丝成分只需补充氧化烧损部分，因此选用合金元素含量略高于母材的焊丝，如硅青铜焊丝SCuSi，RCuSi，铝青铜焊丝SCuAl，锡青铜焊丝SCuSn、RCuSn等。

（2）焊接参数的选择和焊前预热　对于大多数的铜及铜合金，钨极氩弧焊均采用直流正极性接法，此时焊件可获得较高的热量和较大的熔深。但对于铍青铜、铝青铜，采用交流电源比直流电源更有利于破除表面氧化膜，稳定焊接过程。钨极氩弧焊时，若焊件厚度在4mm以下，可以不预热，4~12mm厚的纯铜预热至200~450℃，青铜与白铜的预热温度可降至 150~200℃，硅青铜、磷青铜可不预热并严格控制层间温度低于100℃。补焊大尺寸的黄铜和青铜铸件时，一般需预热至200~300℃。如采用Ar + He混合保护气体焊接铜及铜合金，可以不预热。铜及铜合金TIG焊的焊接参数见表3−21。

表 3−21　铜及铜合金 TIG 焊的焊接参数

材料	板厚/mm	钨极直径/mm	焊丝直径/mm	焊接电流/A	氩气流量/L · min^{-1}	预热温度/℃	备注
纯铜	3	3~4	2	200~240	14~16	不预热	不开坡口对接
	6	4~5	3~4	280~360	18~24	400~500	V形坡口对接钝边1.0mm
硅青铜	3	3	2~3	120~160	12~16	不预热	不开坡口对接
	9	3	3~4	250~300	18~22		V形坡口对接
锡青铜	1.5~3.0	5~6	1.5~2.5	100~180	12~16	不预热	不开坡口对接
	7	3	4	210~250	16~20		V形坡口对接
铝青铜	3	4	4	130~160	12~16	不预热	V形坡口对接
	9	4	3~4	210~330	16~24		
白铜	<3	5~6	3	300~310	18~24	不预热	V形坡口对接
	3~9	3~5	3~4	300~310			

3. 熔化极氩弧焊（MIG焊）

熔化极氩弧焊是焊接中厚板铜及铜合金的理想方法，由于电流密度大，电弧穿透力强，焊接速度快，焊缝成形美观及焊接质量高，因此在生产中得到广泛应用。

（1）焊丝的选择　焊丝的选择原则与TIG焊几乎完全一样。我国生产的标准焊丝对TIG焊和MIG焊是通用的。

（2）焊前预热及焊后热处理　MIG焊时，焊件厚度大于6mm或所用焊丝直径大于1.6mm的V形坡口均需预热。对于硅青铜和铍青铜，根据其脆性及高强度的特点，焊后应进行消除应力退火和500℃保温3h的时效硬化处理。

（3）焊接参数的选择　熔化极氩弧焊焊接铜及铜合金时，采用直流反极性接法、大电流、高焊接速度。采用大电流、高焊接速度可提高电弧的稳定性，避免硅青铜、磷青铜的热脆性和近缝区晶粒长大。由于熔池增大，保护气体的流量相应也成倍增加。表3-22列出了铜及铜合金MIG焊的焊接参数。

表 3-22　铜及铜合金 MIG 焊的焊接参数

材料	板厚/mm	坡口形式	焊丝直径/mm	焊接电流/A	电弧电压/V	氩气流量/L·min^{-1}	预热温度/℃
纯铜	3	I形	1.6	300~350	25~30	16~20	—
	10	V形	2.5~3	480~500	25~32	25~30	400~500
	20	V形	4	600~700	28~30	25~30	600
	22~30	V形	4	700~750	32~36	30~40	600
黄铜	3	I形	1.6	275~285	25~28	16	—
	9	V形	1.6	275~285	25~28	16	—
	12	V形	1.6	275~285	25~28	16	—
锡青铜	3	I形	1.6	140~160	26~27	—	—
	9	V形	1.6	275~285	28~29	18	100~150
	12	V形	1.6	315~335	29~30	18	200~250
铝青铜	3	I形	1.6	260~300	26~28	20	—
	9	V形	1.6	300~330	26~28	20~25	—
	18	V形	1.6	320~350	26~28	30~35	—

MIG焊的焊接参数中最重要的是焊接电流的选择。它决定着熔滴的过渡形式。而后者又是电弧稳定和焊缝成形的决定因素。MIG焊具有较强的穿透力，坡口角度可偏小，一般不留间隙。只有在焊接流动性较差的硅青铜时才需要把坡口角度加大到80°，接近TIG焊水平。所以，MIG焊焊接厚度不大于3mm的铜及铜合金时采用I形坡口；焊接厚度为 10~12mm的铜及铜合金时可采用V形坡口；焊接厚度大于12mm的铜及铜合金时应开X 形坡口或双面U形坡口。

4. 埋弧焊

埋弧焊可使板厚小于20mm的焊件在不预热和不开坡口的条件下获得优质接头，特别适合于中厚板的长焊缝焊接。纯铜、青铜埋弧焊的焊接性能好，黄铜的焊接性尚可。

（1）焊丝与焊剂的选择　焊接铜及铜合金可选用高硅高锰焊剂（如HJ431、HJ430），以获得满意的工艺性能。但该类焊剂氧化性较强，容易向焊缝过渡硅、锰，使焊接接头的导电性、耐蚀性和塑性下降。对接头性能要求高的焊件可选用氧化性较弱的HJ260、HJ150。铜及铜合金埋弧焊焊剂和焊丝的选择见表3-23。

表 3-23　铜及铜合金埋弧焊焊剂和焊丝的选择

材料	牌号	焊剂	焊丝
纯铜	T1 T2 T3	HJ430 HJ431 HJ260 HJ150 SJ570 SJ670	T1 T2 HSCu TUP
黄铜	H68 H62 H59		HSCuSn HSCuSi HSCuSn
青铜	QSn6.5-0.4 QAl9-2 QSi3-1		HSCuSn HSCuAl HSCuSi

（2）焊接参数的选择　纯铜的热导率大、热容量大，应选较大的焊接电流、较高的电弧电压（一般为34~40V）。黄铜埋弧焊时，应选用较小的焊接电流（约比纯铜的焊接电流减少15%~20%）和较低的电弧电压，以减小锌的蒸发烧损。因纯铜的电阻很小，所以纯铜焊丝的熔化速度与焊丝的伸出长度无关，选择范围较大。黄铜、青铜焊丝的熔化速度随伸出长度的增大而增大，一般伸出长度为20~40mm。纯铜埋弧焊时可不预热，但为保证焊接质量，对于厚度大于20mm的焊件最好采用局部预热（200~400℃）。过高的预热温度会引起热影响区晶粒长大，并产生激烈氧化，以致形成气孔、夹杂等缺陷，降低焊接接头力学性能。铜及铜合金埋弧焊的焊接参数见表3-24。

表 3-24　铜及铜合金埋弧焊的焊接参数

材料	板厚/mm	接头、坡口形式	焊丝直径/mm	焊接电流/A	电弧电压/V	焊接速度/$m\cdot h^{-1}$	备注
纯铜	5~12	不开坡口对接	—	500~800	38~44	15~40	—
	16~20		—	850~1000	45~50	8~12	—
	25~50	U形坡口对接	—	1000~1400	45~55	4~8	—
	16~20	对接	—	850~1000	45~50	8~12	单面焊

（续）

材料	板厚/mm	接头、坡口形式	焊丝直径/mm	焊接电流/A	电弧电压/V	焊接速度/m·h^{-1}	备注
黄铜	4~8	—	2	180~300	24~30	20~25	单、双面焊封底焊缝
	12~18	—	2、3	450~750	30~34	25~30	单面焊封底焊缝
铝青铜	10~15	V形坡口	焊剂层厚度25~30	450~650	35~38	20~25	双面焊
	20~26	X形坡口	>3	750~800	36~38	20~25	双面焊

5. 焊条电弧焊

焊前焊条要经200~250℃烘干2h，以去除药皮吸附的水分。焊前及多层焊的层间要对焊件进行预热，预热温度根据材料的热导率和焊件厚度来选择。纯铜的预热温度为300~600℃；黄铜导热比纯铜差，为抑制Zn的蒸发，预热温度应为200~400℃；锡青铜和硅青铜的预热温度不应超过200℃；磷青铜的流动性差，预热温度不应超过250℃。

为改善接头性能和减小焊接应力，焊后应对焊缝和接头进行热态和冷态锤击。对性能要求较高的接头，采用焊后高温热处理消除应力和改善接头韧性。铜及铜合金焊条电弧焊的焊接参数见表3-25。

表 3-25　铜及铜合金焊条电弧焊的焊接参数

材料	板厚/mm	坡口形式	焊条直径/mm	电弧电流/A	说明
纯铜	2~4	I形	3.2、4	110~220	铜及铜合金采用焊条电弧焊时，焊接电流I(A)一般可按公式I=(35~45)d(d为焊条直径，mm)来确定
	5~10	V形	4~7	180~380	
黄铜	2~3	I形	2.5、3.2	50~90	
铝青铜	2~4	I形	3.2、4	60~150	
	6~12	V形	5、6	230~300	
锡青铜	1.5~3	I形	3.2、4	60~150	
	4~12	V形	3.2、6	150~350	
白铜	6~7	I形	3.2	110~120	平焊
	6~7	V形	3.2	100~150	平焊或仰焊

五、编制铜及铜合金的焊接工艺

根据焊接技术员的分组，每个小组讨论可以选择的焊接方法，并根据虚拟车间现有的常用焊接设备，每位技术员编制一种焊接方法的焊接工艺。技术员一定要认真分析铜及铜合金的特点，根据相关法规和标准的要求，并参照表1-17的格式编制焊接工艺卡。可以适当修改、增加或取消部分内容，但要尽量符合生产的需要。

课内小组交流、讨论并修改焊接工艺。

六、按照工艺焊接试件

（一）焊前准备

（1）材料准备　准备符合国家标准的T2铜板、按照焊接工艺卡选择焊接材料等，并按照要求清理、烘干保温等。

ϕ10×2mm 铜管 I 形坡口平对接钨极氩弧焊

（2）用具准备　准备手套、面罩、榔头、錾子、尖嘴钳、三角铁、锉刀、钢刷、记录笔和纸、计时器等。

（3）设备准备　根据选择的焊接方法选择焊接设备、切割机、台虎钳等。

（4）测量工具准备　准备坡口角度尺、焊缝测量尺等。

（5）定位焊

1）坡口表面要求。坡口表面不得有裂纹、分层、夹杂等缺陷。

2）施焊前，应清除坡口及母材两侧20mm范围内的氧化物、油污、焊渣及其他有害杂质。

3）适当增加定位焊缝的截面和长度。定位焊时适当加大焊接电流，降低焊接速度。

（二）焊接操作

焊接时严格按照编制的焊接工艺卡进行焊接，对焊前及焊后质量进行外观检查，并且都要做好详细的焊接记录。

七、分析焊接质量并完善焊接工艺

（一）常见焊接缺陷分析

焊接接头极易产生未焊透和气孔等缺陷。适当增加焊接电流，降低焊接速度，并配合不同温度的预热以增大焊接热输入。严格执行焊接材料的烘干时间及烘干温度，这对减少气孔的产生具有较好的效果。

（二）完善焊接工艺

根据焊接操作过程、焊接参数选用特点和焊后焊接质量的外观检查，小组讨论、交流，完善焊接工艺。

复习思考题

一、选择题

1. 焊接黄铜时，为了抑制（　）的蒸发，可选用含硅量高的黄铜或硅青铜焊丝。

A. 铝　　B. 镁　　C. 锰　　D. 锌

2. 铜气焊用熔剂的牌号是（　）。

A. CJ101　　B. CJ201　　C. CJ301　　D. CJ401

3. 铜及铜合金焊接前焊件常需要预热，预热温度一般为（　）。

A. 100~150℃　　B. 200~250℃

C. 300~700℃　　D. 700~800℃

4. 纯铜焊接时，母材和填充金属难以熔合的原因是纯铜（　）。

A. 导热性好　　B. 导电性好

C. 熔点高　　D. 有锌蒸发出来

5. 纯铜焊接时，常常要使用大功率热源，焊前还要采取预热措施的原因是（　）。

A. 纯铜导热性好，难熔合　　B. 防止产生冷裂纹

C. 提高焊接接头的强度　　D. 防止锌的蒸发

6. 气焊纯铜要求使用（　）。

A. 中性焰　　B. 还原焰　　C. 氧化焰　　D. 弱氧化焰

7. 气焊黄铜要求使用（　）。

A. 中性焰　　B. 还原焰　　C. 氧化焰　　D. 弱氧化焰

8. 钨极氩弧焊焊接纯铜时，电源及极性应采用（　）。

A. 直流正接　　B. 直流反接　　C. 交流焊　　D. 直流正接或交流焊

9. 铜及铜合金熔化极氩弧焊时应采用（　）。

A. 交流焊　　B. 直流反接　　C. 直流正接　　D. 直流正接或交流焊

10. 气焊纯铜或青铜时应严格采用（　）。

A. 中性焰　　B. 氧化焰　　C. 还原焰　　D. 弱氧化焰

二、填空题

1. 铜及铜合金熔焊焊接接头存在的主要问题是________、________、________、________。

2. 为了减少和消除铜焊缝中的气孔，主要措施是________和________。

3. 改善接头性能的措施，主要是________和________。

三、判断题

1. 用纯铜焊条焊接纯铜时可得到与母材性能完全相同的焊缝。（　）

2. 纯铜一般不宜采用氩弧焊进行焊接。（　）

3. 纯铜塑韧性好，焊接时不会产生冷裂纹，所以焊前不需要预热。（　）

4. 纯铜的熔点低，所以气焊时，火焰能率应比焊低碳钢时低。（　）

5. 铜及铜合金焊缝中易形成氢和一氧化碳气孔。（　）

6. 焊接黄铜时，锌的损失只会使接头的力学性能降低，抗腐蚀性能反而提高。（　）

7. 纯铜焊条电弧焊用T107焊条焊接时，电源应采用直流正接。（　）

8. 青铜由于合金组成复杂，所以焊接比纯铜、黄铜困难。（　）

9. 钢与铜及其合金焊接时，可采用镍及镍基合金作为过渡层的材料。（　）

10. 黄铜气焊时应使用轻微的氧化性火焰，可以在熔池表面上形成一层氧化锌薄膜，能阻止锌的蒸发。（　）

任务三　钛及钛合金焊接工艺编制及焊接

任务解析

通过分析钛及钛合金的焊接性，确定所采用的焊接方法、焊接材料，编制钛及钛合金焊接工艺并实施，掌握钛及钛合金的焊接要点。

必备知识

一、钛及钛合金的常见焊接结构

钛元素是19世纪发现的，但纯金属钛到1910年才被提取出来。钛以重量轻、耐蚀性好而被称为神奇的金属，尤其是它作为高比强度材料成为二战以后喷气式飞机的重要材料，与此同时，钛也以其良好的耐蚀性成为不锈钢难以胜任的化工机械中不可缺少的材料。

钛材工业化已经60多年了，不仅在宇航和化工等领域应用广泛，而且在眼镜、手表、医学器械、高尔夫用具等日用品方面也已得到应用，逐步为人们所认识。

钛及钛合金采用焊接成形方法的常见结构如下。

（一）钛制热交换器

钛制热交换器广泛用于化工行业，主要是发电厂的凝汽器、石油精炼厂的热交换器等。通常采用钛管和钛板密封焊结构。钛管通常为薄壁，一般发电厂采用外径为25.4mm、28.58mm、31.75mm，壁厚为0.5mm、0.7mm的管材；石油精炼厂采用外径为19.05mm、25.4mm，壁厚为0.7mm、0.9mm、1.0mm、1.2mm的管材。钛板厚度通常为0.5~10mm。钛制热交换器管板结构如图3−7所示。

（二）钛制自行车架

钛合金可以制作重量很轻强度又很大的车架，钛合金的强度和钢差不多，但是重量只有钢的一半多一点，因此同样强度的钛合金车架会比钢车架轻很多，如图3−8所示。

图3−7　钛制热交换器管板结构

图3−8　钛制自行车架

二、钛及钛合金的分类及特点

钛是一种非磁性材料，具有密度小（4.5g/cm^3）、强度高（比铁约高1倍）、较好的高温强度和低温韧性以及良好的耐蚀性等特点。钛在885℃以下时，具有密排六方晶格，称为α钛。在885℃产生同素异物转变，晶格变为体心立方晶格，称为β钛。钛长时间在高温停留，晶粒容易长大，快速冷却时，容易生成不稳定的针状α钛组织，称为“钛马氏体”，其强度较高，塑性较低。

钛加入合金元素后可改善加工性能和力学性能，常加的合金元素有Al、V、Mn、Cr、Mo等，按照成分和在室温时的组织不同，钛和钛合金的分类如下。

（一）工业纯钛

按纯度，工业纯钛可分为TA1、TA2、TA3和TA4，其中TA1所含杂质最少。少量杂质将使强度增高、塑性降低，故TA1的强度最低（R_m为300~500MPa）、塑性最好（A为30%）。

工业纯钛有良好的焊接性。

（二）α钛合金

钛中加入了Al、Sn等元素，牌号为TA6、TA7等，有良好的高温强度和抗氧化性。

α钛合金有良好的焊接性。

（三）β钛合金

钛中加入了Mn、V、Mo、Cr等元素，牌号为TB2、TB3等。热处理后强度较高（TB2的抗拉强度为700MPa），塑性也较好，而且具有良好的加工性，但耐热性稍差，密度大、成本高。

β钛合金的焊接性不良。

（四）α+β钛合金

钛中加入了Al、Sn、Mo、Mn、Cr等元素，牌号为TC1、TC2等。α+β钛合金可通过热处理强化，加工性能良好，但高温强度低于α钛合金。

α+β钛合金焊接性很差，很少用于焊接结构。

三、钛及钛合金的焊接性分析

钛及钛合金的焊接性能具有许多显著特点。这些焊接特点是由钛及钛合金的物理及化学性质决定的。

（一）化学活性大

在常温下，钛及钛合金是比较稳定的。但试验表明，在其焊接过程中，液态熔滴和熔池金属具有强烈吸收氢、氧、氮的作用，而且在400℃以上的高温固态下，这些气体已与母材发生作用。随着温度的升高，钛及钛合金吸收氢、氧、氮的能力也随之明显上升，大约在250℃左右开始吸收氢，从400℃开始吸收氧，从600℃开始吸收氮，这些气体被吸收后，使焊接接头的塑性及冲击韧度下降，并易引起气孔。因此，施焊时对焊接熔池、焊缝及温度超过400℃的热影响区都要妥善保护。

1. 氢的影响

氢是气体杂质中对钛的力学性能影响最严重的因素。焊缝含氢量的变化对焊缝冲击性能影响最为显著，其主要原因是随焊缝含氢量的增加，焊缝中析出的片状或针状TiH_2增多。TiH_2的强度很低，片状或针状TiH_2会形成缺口，使冲击性能显著降低。

2. 氧的影响

氧在钛的α相和β相中都有较高的溶解度，并能形成间隙固溶体，引起晶格严重扭曲，从而提高钛及钛合金的硬度和强度，但塑性却显著降低。为了保证焊接接头的性能，除了在焊接过程中严防焊缝及焊接热影响区发生氧化外，同时还应限制基体金属及焊丝中的含氧量。

3. 氮的影响

在600℃以上的高温下，氮和钛发生剧烈作用，形成脆硬的氮化钛（TiN），而且氮与钛形成间隙固溶体时所引起的晶格歪扭程度比氧引起的后果更为严重，因此，氮对提高工业纯钛焊缝的抗拉强度、硬度，降低焊缝的塑性的影响程度比氧更为显著。

4. 碳的影响

碳也是钛及钛合金中常见的杂质。试验表明，当碳的质量分数为0.13%时，碳因溶在α钛中，焊缝强度有些提高，塑性有些下降，但不及氧、氮的作用强烈。但当进一步提高焊缝含碳量时，焊缝将出现网状TiC，其数量随含碳量增高而增多，使焊缝塑性急剧下降，在焊接应力作用下易出现裂纹。因此，钛及钛合金母材中碳的质量分数应不大于0.1%，焊缝的含碳量不应超过母材的含碳量。

（二）物理性能特殊

其他金属比较，钛及钛合金具有熔点高、热容量小、热导率小的特点，因此焊接接头易产生过热组织，晶粒变得粗大，特别是β钛合金，易引起塑性降低，所以在选择焊接参数时，既要保证不过热，又要防止淬硬现象。由于淬硬现象可通过热处理改善，而晶粒粗大却很难细化，因此为防止晶粒粗大，应选择合适的焊接参数。

（三）冷裂倾向较大

溶解于钛中的氢在320℃时和钛会发生共析转变，析出TiH_2，引起金属塑性和冲击韧度的降低，同时发生体积膨胀而引起较大的应力，严重时会导致产生冷裂纹。

（四）易产生气孔

产生气孔的气体是氢。因氢在钛中的溶解度随温度升高而下降，焊接时，沿熔合线附近加热温度高，会引起氢的析出，因此气孔常在熔合线附近形成。

（五）变形大

钛的弹性模量约比钢小一半，所以焊接残余变形较大，且焊后变形的矫正较为困难。

四、钛及钛合金的焊接工艺要点

（一）焊接方法选择

由于钛及钛合金的化学活性大，易被氧、氮、氢所污染，所以不能采用焊条电弧焊、二氧化碳气体保护焊等焊接方法进行焊接。目前常用的焊接方法是氩弧焊、埋弧焊和真空电子束焊等，其中尤以钨极氩弧焊应用最为普遍。近年来等离子弧焊、电阻点焊、缝焊、钎焊和扩散焊也得到应用。

（二）钛焊缝质量的判别

钛焊缝的质量在很大程度上与保护情况有关，而钛焊缝表面的颜色又提供了保护好坏的依据（见表3-26），因此除了按技术条件规定的检验方法检验外，通过钛焊缝表面的颜色也可以判别焊缝质量。

表 3-26　钛焊缝表面颜色与焊缝质量的关系

焊缝表面颜色	氩气保护情况	焊缝情况	判定	处理
银白色	良好	良好	使用	—
金黄色	尚好	没有影响	能使用	用酸洗,去除表面金黄色
蓝色	一般	表面氧化,使表面塑性稍有下降	承受载荷较大时不能使用	用酸洗,去除表面蓝色或按不合格处理
紫色(花色)	较差	氧化严重,塑性显著降低	使用条件(介质、负载)严格时不能使用	用酸洗,去除表面紫色或按不合格处理
灰色或表面有粉状物	极差	完全氧化,焊接区完全脆化,且产生裂纹、气孔及夹渣等	不能使用	不合格

（三）焊接工艺

1. 焊前准备

（1）接头形式和尺寸　选择接头形式和尺寸时，应在有利于气体保护和保证焊接质量前提下，尽量减少焊接层数和填充金属量。

（2）焊前清理　钛及钛合金的焊接质量在很大程度上取决于对母材和填充焊丝的焊前清理。

1）去氧化皮。焊件表面的氧化膜需采用喷丸、喷砂等机械方法去除。

2）表面酸洗。可采用体积配比为40%硝酸、2%氢氟酸、58%水的溶液，在室温下浸泡15~20min，然后水洗并烘干。

（3）气体保护措施　确保焊接熔池及温度超过400℃的热影响区（包括正、反面）与空气隔绝。一般采取局部保护、充氩箱保护或增强冷却等措施。

2. 焊接工艺要点

（1）焊接材料　焊接钛及钛合金时使用的氩气纯度必须≥99.99%（体积分数）。焊接过程中当氩气瓶压力降至1MPa时应停止使用。 填充焊丝一般采用与母材同质的材料。为改善接头的塑性，可以采用比母材合金化稍低的焊丝。

（2）焊接参数　焊接钛及钛合金时，由于有晶粒粗化倾向，尤其是β钛合金的焊接，尽量采用较小的焊接热输入。最好是使温度刚好高于形成焊缝所需达到的最低温度。如果热输入量过高，则焊缝被污染、变形和变脆的可能性增大。钛及钛合金手工TIG焊的参考焊接参数见表3-27。

表 3-27　钛及钛合金手工 TIG 焊的参考焊接参数

板厚/mm	坡口形式	钨极直径/mm	焊丝直径/mm	焊接层数	焊接电流/A	氩气流量/L · min^{-1}			喷嘴孔径/mm	备注
						主喷嘴	拖罩	背面		
2	I形坡口对接	2.0~3.0	1.0~2.0	1	80~110	12~14	16~20	10~12	12~14	接头间隙0.5mm；也可不加焊丝，接头间隙1.0mm
4	V形坡口对接	3.0~4.0	2.0~3.0	2	130~150	14~16	20~25	12~14	18~20	接头间隙2~3mm，钝边0.5mm，焊缝背面衬有铜垫板，坡口角度60°~65°
6	V形坡口对接	4.0	3.0~4.0	2~3	140~180	14~16	25~28	12~14	18~20	
8	V形坡口对接	4.0	3.0~4.0	3~4	140~180	14~16	25~28	12~14	20~22	
10	X形坡口对接	4.0	3.0~4.0	4~5	160~200	14~16	25~28	12~14	20~22	坡口角度60°，钝边1mm

（3）操作技术　焊接电源极性选择直流正接，其比直流反接能获得较大的熔深。

焊接过程中有加焊丝和不加焊丝两种操作。多层焊时，第一层一般不加焊丝，从第二层焊开始加焊丝。焊丝应平稳而均匀地送进，已烧热的一端必须始终保持在喷嘴气体下面，使其受到保护而不被污染。

在不影响视线的情况下，应尽量降低喷嘴高度，一般取6~10mm，最大弧长约为钨极直径的1.5倍。

焊接速度应确保400℃以上的高温区置于氩气的保护下。焊枪尽量不做横向摆动；必须摆动时，其频率要低，幅度要小，防止熔池脱离氩气保护。

焊接层数不宜多；必须多层焊时，要控制层间温度不超过120℃，最好待前一道焊缝已冷至室温后再焊下一道焊缝，以防过热。

3. 焊后处理

钛及钛合金焊后在接头上存在残余应力，所以大多数钛及钛合金焊后都需要进行消除应力处理。表3-28列出了几种常用钛及钛合金的焊后消除应力处理工艺。

表 3-28　几种常用钛及钛合金的焊后消除应力处理工艺

材料	工业纯钛	TA7	TC4	TC10
温度/℃	482~593	533~649	538~593	482~649
保温时间/h	0.5~1	1~4	1~2	1~4

五、编制钛合金TA2的焊接工艺

根据焊接技术员的分组，每个小组讨论可以选择的焊接方法，并根据虚拟车间现有的常用焊接设备，每位技术员编制一种焊接方法的焊接工艺。技术员一定要认真分析TA2的特点，根据相关法规和标准的要求，并参照表1-17的格式编制焊接工艺卡。可以适当修改、增加或取消部分内容，但要尽量符合生产的需要。

课内小组交流、讨论并修改焊接工艺。

六、按照工艺焊接试件

（一）焊前准备

（1）材料准备　准备符合国家标准的TA2钛板、按照焊接工艺卡选择焊接材料等，并按照要求清理、烘干保温等。

3mmTA2 板平对接钨极氩弧焊

（2）用具准备　准备手套、面罩、榔头、錾子、尖嘴钳、三角铁、锉刀、钢刷、记录笔和纸、计时器等。

（3）设备准备　根据选择的焊接方法选择焊接设备、切割机、台虎钳等。

（4）测量工具准备　准备坡口角度尺、焊缝测量尺等。

3mmTC4 钛合金板平对接等离子弧焊

（5）定位焊

1）坡口表面要求。坡口表面不得有裂纹、分层、夹杂等缺陷。

2）施焊前，应清除坡口及母材两侧20mm范围内的氧化物、油污、焊渣及其他有害杂质。

3）适当增加定位焊缝的截面和长度。定位焊时适当加大焊接电流，降低焊接速度。

（二）焊接操作

焊接时严格按照编制的焊接工艺卡进行焊接，对焊前、焊接过程及焊后质量进行外观检查，并且做好详细的焊接记录。

七、分析焊接质量并完善焊接工艺

（一）常见焊接缺陷分析

焊接接头极易产生未焊透和气孔等缺陷。应适当增加焊接电流，降低焊接速度，并配合不同温度的预热以增大焊接热输入；严格执行焊接材料的烘干时间及烘干温度，这对减少气孔的产生具有较好的效果。

（二）完善工艺

根据焊接操作过程、焊接参数选用特点和焊后焊接质量的外观检查，小组讨论、交流，完善焊接工艺。

八、典型案例

以δ=8mm的TA2板对接为例，编制手工钨极氩弧焊焊接工艺。

（一）焊前准备

焊件和焊丝表面质量对焊接接头的力学性能有很大影响，因此必须进行严格清理。钛板及钛焊丝可采用机械清理及化学清洗两种方法。

1. 机械清理

对于焊接质量要求不高或酸洗有困难的焊件，可用细砂纸或不锈钢丝刷擦拭，但最好是用硬质合金刮削，去除氧化膜。

2. 化学清洗

焊前可先对焊件及焊丝进行酸洗，酸洗液可用HF5%+$HNO_3$35%的水溶液。酸洗后用清水冲洗，烘干后立即施焊。或者用丙酮、乙醇、四氯化碳、甲醇等擦拭钛板坡口及其两侧（各20mm范围内）、焊丝表面、工夹具与钛板接触的部分。

（二）焊接设备的选择

钛及钛合金钨极氩弧焊应选用具有下降外特性、高频引弧的直流氩弧焊电源，且延迟送气时间不少于15s，避免焊缝氧化、被污染。

（三）焊接材料的选择

氩气纯度应不低于99.99%（体积分数），露点在−40℃以下，杂质总的质量分数<0.001%。当氩气瓶中的压力降至1MPa时，应停止使用，以防止影响焊接接头质量。原则上应选择与基体金属成分相同的焊丝，有时为了提高焊缝金属的塑性，也可选用强度比基体金属稍低的焊丝。

（四）坡口形式的选择

原则上尽量减少焊接层数和焊接金属量。随着焊接层数的增多，焊缝累计吸气量增加，会影响焊接接头性能，又由于钛及钛合金焊接时焊接熔池尺寸较大，因此焊件开单边V形坡口，坡口角度为70°~80°。

（五）组对及定位焊

为了减少焊接变形，焊前进行定位焊，一般定位焊间距为100~150mm，长度为10~15mm。定位焊所用的焊丝、焊接参数及气体保护条件应与焊接接头焊接时相同。焊件组对间隙为0~2mm，钝边为0~1mm。

（六）焊接工艺卡

TA2板（δ=8mm）手工钨极氩弧焊对接焊接工艺卡见表3−29。

表 3−29　TA2 板（δ=8mm）手工钨极氩弧焊对接焊接工艺卡

产品名称			产品型号					零部件名称	
焊接工艺指导书编号			焊接工艺评定编号					图号	
母　　材	TA2		规　　格					牌号、类组别号	
气　　体	Ar	配比	99.99%	流量/L·min-1	主喷嘴	拖罩	背面	清根方式	
					15	18	12		
接头编号								焊工资格	

（续）

层次	焊接方法	焊接材料		电源及极性	焊接电流/A	电弧电压/V	钨极直径/mm	喷嘴孔径/mm
		牌号	直径/mm					
1	手工钨极氩弧焊	TA2	2.0	直流正接	95~100	10~16	3.0	16
2	手工钨极氩弧焊	TA2	2.0	直流正接	115~120	10~16	3.0	16
3	手工钨极氩弧焊	TA2	2.0	直流正接	120~125	10~16	3.0	16

焊接接头示意图:

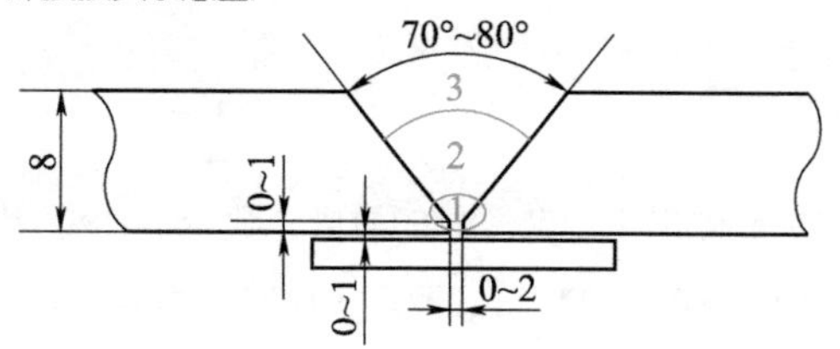

技术要求及说明:

1)清除坡口两侧20mm范围内的油污、锈蚀、尘土，直至露出金属光泽

2)清除垫板外侧的油污、锈蚀、尘土，且应露出金属光泽

（七）钛及钛合金手工钨极氩弧焊操作要领

1）手工钨极氩弧焊时，焊丝与焊件间应尽量保持最小的夹角（10°~15°）。焊丝沿熔池前端平稳、均匀送入熔池，不得将焊丝端部移出氩气保护区。

2）焊接时，焊枪基本不做横向摆动；当需要摆动时，频率要低，摆动幅度也不宜太大，以防止影响氩气对熔池的保护。

3）断弧及焊缝收尾时，要继续通氩气保护，直到焊缝及热影响区金属冷却到350℃以下时方可移开焊枪。

（八）质量检验

1）外观检查符合GB/T 13149—2009《钛及钛合金复合钢板焊接技术条件》。

2）射线检测符合NB/T 47013.2—2015《承压设备无损检测　第2部分：射线检测》。

3）力学性能符合GB/T 13149—2009。

通过对不同工艺下的焊接接头性能的对比，确定最合适的焊接工艺规范，见表3-30。

表 3-30　δ=8mm 板材几种不同的焊接工艺比较

序号	钨极直径/mm	焊丝直径/mm	焊接电流/A			氩气流量/L · min^{-1}			喷嘴孔径/mm
			根部	填充层	盖面	主喷嘴	拖罩	背面	
1	3.0	2.0	150	170	180	15	18	12	16
2	3.0	2.0	120	150	160	15	18	12	16
3	3.0	2.0	95	115	120	15	18	12	16

工艺1的焊接电流为150A、170A、180A，按此参数施焊，焊接接头表面呈现出深蓝色、紫色，说明接头氧化较严重，不符合技术要求，此工艺不可取。

工艺2的焊接电流相对降低为120A、150A、160A，按此参数施焊，焊缝表面呈现出蓝色、深黄色，X射线检测无缺陷，但力学性能弯曲试验不合格，说明焊接接头塑性显著降低，达不到技术要求，此工艺同样不可取。

工艺3的焊接电流为95A、115A、120A，按此参数施焊，焊缝表面呈银白、浅黄色，X射线检测无缺陷，力学性能弯曲试验合格、拉伸试验也符合要求，焊接接头性能达到技术要求，此工艺比较合适。

钛及钛合金焊接时，都有晶粒粗大倾向，直接影响焊接接头的力学性能。因此焊接参数的选择不仅要考虑焊缝金属的氧化及形成气孔，还应考虑晶粒粗化因素，所以应尽量采用较小的焊接热输入。工艺1、2由于焊接规范较大，造成接头氧化比工艺3严重，且微观金相试验结果表明，接头晶粒粗化程度也比工艺3严重，所以焊接接头力学性能较差。

气体流量的选择以达到良好的保护效果为原则，过大的流量不易形成稳定的层流，并增大焊缝的冷却速度，使焊缝表面层出现较多的α相，以致引起微裂纹。拖罩中的氩气流量不足时，焊缝呈现出不同的氧化色泽；而流量过大时，将对主喷嘴的气流产生干扰作用。焊缝背面的氩气流量也不能太大，否则会影响到正面第一层焊缝的气体保护效果。

复习思考题

一、选择题

1. 钛及钛合金氩弧焊时，为了保护焊接高温区域，常采用焊件背面充氩及（　）的方法。

A.添加气焊粉　　B. 电弧周围加磁场　　C. 喷嘴加拖罩　　D. 坡口背面加焊剂垫

2. 钛及钛合金焊接时，焊缝和热影响区呈（　），表示保护效果最好。

A. 淡黄色　　B. 深蓝色　　C. 金紫色　　D. 银白色

3. 为了防止气孔，钛及钛合金焊接时采取的主要措施有（　）等。

A. 采用小的焊接电流　　B. 严格清理焊件和焊丝表面

C. 合理选用焊丝　　D. 选用热量集中的焊接方法

4. （　）不是工业纯钛所具有的优点。

A. 耐蚀　　B. 硬度高　　C. 焊接性好　　D. 易于成形

5. 钛合金最大的优点是（　），又具有良好的塑性和焊接性。

A. 比强度大　　B. 硬度高　　C. 导热性极好　　D. 导电性极好

6. 焊接钛及钛合金时，不能采用（　）焊接。

A. 惰性气体保护　　B. 真空保护　　C. 在氩气箱中　　D. 二氧化碳气体保护

7. 钛与钛合金零部件装配时，严禁使用（　）敲击、划伤待焊件表面。

A. 铜器　　B. 铁器　　C. 不锈钢　　D. 木槌

8. 氢对钛及钛合金性能的影响主要表现为（　）。

A. 耐蚀性下降　　B. 氢脆　　C. 氧化　　D. 气孔

9. 焊接钛及钛合金最容易出现的焊接缺陷是（　）。

A. 夹渣和热裂纹　　B. 未熔合和未焊透　　C. 烧穿和塌陷　　D. 气孔和冷裂纹

10. 钛焊丝中Fe元素超标，会对钛材的（　）性能产生影响。

A. 耐蚀性　　B. 强度　　C. 塑性　　D. 韧性

11. 采用钨极氩弧焊焊接钛材时采用（　）。

A. 直流正接　　B. 直流反接　　C. 交流正接　　D. 交流反接

12. 钛合金焊接后，表面发生了氧化，根据其氧化色可判定不合格的是（　）。

A. 浅黄　　B. 深黄　　C. 银白　　D. 深蓝

13. 钛及钛合金在选择焊接参数时宜采用较小的焊接电流，较大的焊接速度，主要因为（　）。

A. 熔点高　　B. 线膨胀系数大　　C. 热容量大　　D. 热导率低

二、判断题

1. 采用手工钨极氩弧焊焊接纯钛时，为了破碎坡口表面氧化膜应采用直流反接。（　）

2. 工业纯钛可采用焊条电弧焊方法进焊接。（　）

3. 钛及钛合金焊接时，焊接层数越多，接头塑性越低。（　）

4. 焊接钛及钛合金时，焊接区域的正面、背面在任何情况下均需要进行尾保护和背保护。（　）

5. 钛焊接时，随氧含量增加，接头强度提高，塑性及韧性降低。（　）

6. 钛具有耐蚀性是因为钛的表面能生成一层致密的氧化膜，对基材有保护性。（　）

7. 钨极氩弧焊焊接钛及钛合金时，氩气纯度应不小于99.99%。（　）

8. 钛及钛合金焊接时，焊缝表面出现氧化色时，应采用钢丝刷抛光去除后焊接。（　）

9. 在大气中，钛能与氮形成氮化钛保护膜，使钛具有良好的耐蚀性。（　）

10. 钛及钛合金与钢、铜、镍等不能采用熔焊的方法进行焊接。（　）

自主项目

热交换器焊接工艺编制

项目导入

本项目旨在提升学生自主分析问题的能力。通过分析热交换器（附图7）的焊接结构特点，选择最合适的金属材料、焊接方法、焊接材料及焊接参数，并在具体实施后，能独立自主进行焊接接头质量分析及提出改进措施。

一、焊接工艺编制情境工作任务书

第______组　　　　　　　　　　　　技术员姓名______　　　　　　　　　　　　时间______

<table>
<tr><th>工作任务</th><th colspan="3">工作内容</th></tr>
<tr><td>生产要求</td><td colspan="3">利用业余时间完成工作任务，并安排12课时的相互检查、考核和答辩</td></tr>
<tr><td>任务要求</td><td colspan="3">1)识读热交换器图样，了解整体结构
2)查阅热交换器焊接生产所涉及的所有法规和标准
3)了解热交换器生产过程
4)列出所有焊接接头所涉及的金属材料、规格尺寸、接头形式和焊缝形式
5)确定所有不同焊接接头的焊接工艺
6)查阅热交换器所需要焊接的金属材料的物理性能、化学成分和力学性能
7)能够分析所有不同焊接接头所涉及的金属材料的焊接性
8)掌握热交换器所有不同焊接接头的焊接工艺要点
9)编制热交换器所有不同焊接接头最合理的焊接工艺卡
10)能够相互检查焊接工艺的合理性</td></tr>
<tr><td>教学目的</td><td colspan="3">通过独立识读热交换器图样，分析结构，确定最佳的焊接方法、焊接材料，编制合理的焊接工艺，从而培养学生自主学习、独立思考、发现问题、分析问题和解决问题的能力</td></tr>
<tr><td rowspan="2">教学目标</td><td>能力目标</td><td>知识目标</td><td>素质目标</td></tr>
<tr><td>1)能够识读热交换器图样
2)能够分析所有不同焊接接头的焊接性
3)能够编制所有不同焊接接头的焊接工艺</td><td>1)了解化工设备基础知识
2)了解化工设备生产应遵循的法规和标准
3)熟悉相关金属材料的牌号、力学性能，物理性能和化学成分
4)熟悉焊接接头形式和焊缝形式
5)了解产品生产流程
6)熟悉编制焊接工艺卡的一些要求
7)熟悉焊接质量的要求</td><td>1)培养工作认真负责、踏实细致的意识
2)培养团队合作意识
3)培养语言表述能力
4)培养学生自主学习、独立思考、发现问题、分析问题和解决问题的能力</td></tr>
<tr><td>基本工作思路</td><td colspan="3">1)识读热交换器图样，了解整体结构
2)查阅热交换器焊接生产所涉及的所有法规和标准
3)了解热交换器生产过程
4)列出所有焊接接头所涉及的金属材料、规格尺寸、接头形式和焊缝形式
5)确定所有不同焊接接头的焊接工艺
6)查阅热交换器所需要焊接的金属材料的物理性能、化学成分和力学性能
7)能够分析所有不同焊接接头所涉及的金属材料的焊接性
8)掌握热交换器所有不同焊接接头的焊接工艺要点
9)选择最合理的焊接方法
10)选择最合理的焊接材料
11)编制热交换器所有不同焊接接头最合理的焊接工艺卡
12)计算所有编制焊接工艺卡的焊接接头的焊接材料消耗量
13)确定焊接接头的焊接质量要求
14)能够相互检查焊接工艺的合理性</td></tr>
</table>

二、任务安排

自主项目（热交换器焊接工艺编制）是在课内入门项目完成后，与主导项目同步，由技术员在业余时间独立完成的，并在课程结束前安排12课时的考核，技术员相互检查初评，教师负责答辩。

三、资料要求

任务完成，每位技术员需要上交以下资料。

1）产品技术要求。

2）产品生产所涉及的所有标准号。

3）产品生产所涉及的所有金属材料的焊接性分析。

4）异种钢接头的焊接性分析。

5）编制的焊接工艺卡并计算焊接材料消耗量，包括以下9项：

①管箱纵焊缝焊接工艺。

②管箱接管与法兰焊接工艺。

③管箱接管与封头焊接工艺。

④管箱筒体与法兰焊接工艺。

⑤壳体纵焊缝焊接工艺。

⑥壳体接管与法兰焊接工艺。

⑦接管与壳体焊接工艺。

⑧壳体与管板焊接工艺。

⑨换热管与管板焊接工艺。

附　　录

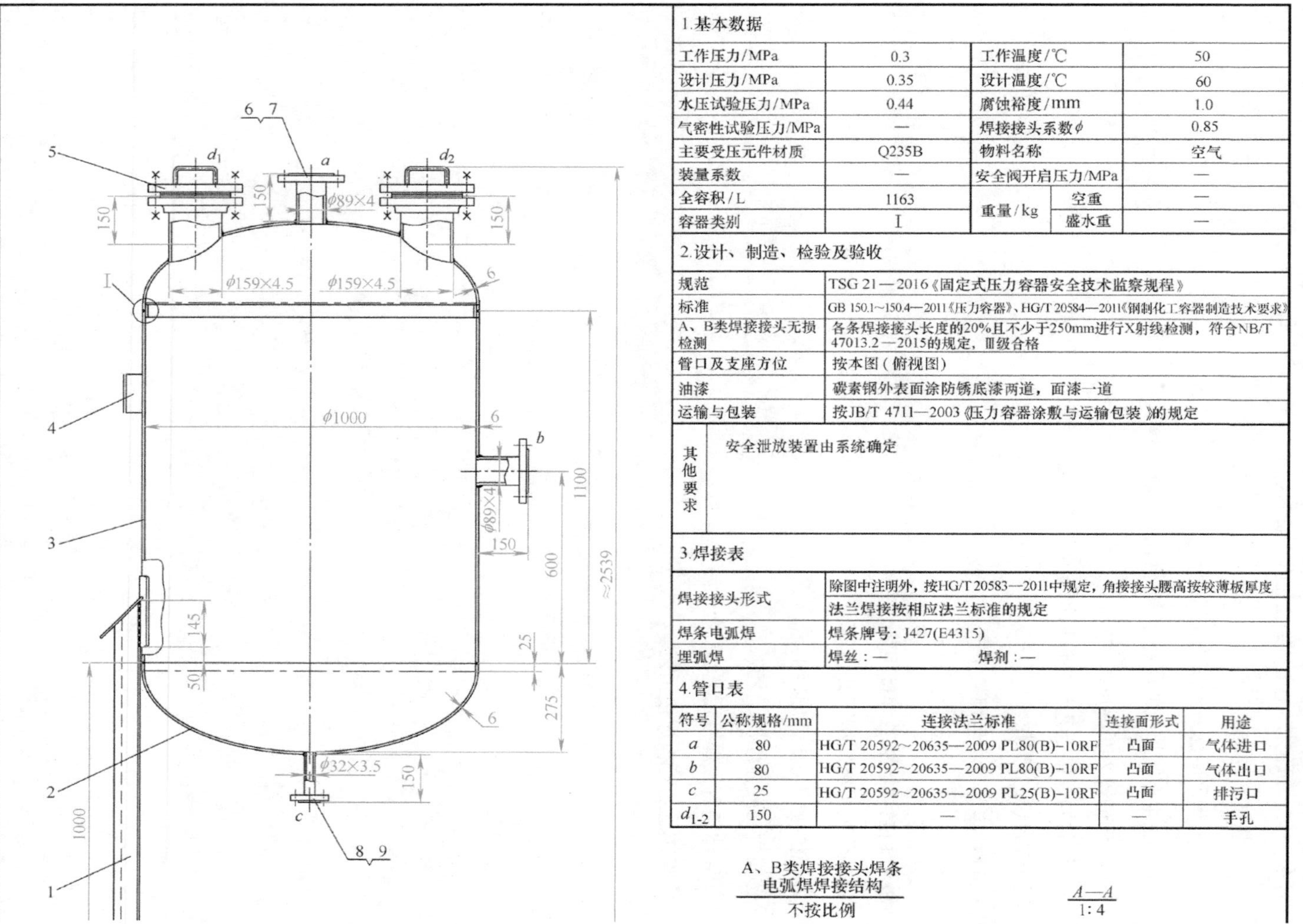

1.基本数据
工作压力/MPa | 0.3 | 工作温度/℃ | 50
设计压力/MPa | 0.35 | 设计温度/℃ | 60
水压试验压力/MPa | 0.44 | 腐蚀裕度/mm | 1.0
气密性试验压力/MPa | — | 焊接接头系数φ | 0.85
主要受压元件材质 | Q235B | 物料名称 | 空气
装量系数 | — | 安全阀开启压力/MPa | —
全容积/L | 1163 | 重量/kg 空重 | —
容器类别 | Ⅰ | 重量/kg 盛水重 | —
2.设计、制造、检验及验收
规范 | TSG 21—2016《固定式压力容器安全技术监察规程》
标准 | GB 150.1~150.4—2011《压力容器》、HG/T 20584—2011《钢制化工容器制造技术要求》
A、B类焊接接头无损检测 | 各条焊接接头长度的20%且不少于250mm进行X射线检测，符合NB/T 47013.2—2015的规定，Ⅲ级合格
管口及支座方位 | 按本图（俯视图）
油漆 | 碳素钢外表面涂防锈底漆两道，面漆一道
运输与包装 | 按JB/T 4711—2003《压力容器涂敷与运输包装》的规定
其他要求 | 安全泄放装置由系统确定
3.焊接表
焊接接头形式 | 除图中注明外，按HG/T 20583—2011中规定，角接接头腰高按较薄板厚度；法兰焊接按相应法兰标准的规定
焊条电弧焊 | 焊条牌号：J427(E4315)
埋弧焊 | 焊丝：—　焊剂：—
4.管口表
符号 | 公称规格/mm | 连接法兰标准 | 连接面形式 | 用途
a | 80 | HG/T 20592~20635—2009 PL80(B)-10RF | 凸面 | 气体进口
b | 80 | HG/T 20592~20635—2009 PL80(B)-10RF | 凸面 | 气体出口
c | 25 | HG/T 20592~20635—2009 PL25(B)-10RF | 凸面 | 排污口
d_{1-2} | 150 | — | — | 手孔
A、B类焊接接头焊条电弧焊焊接结构
不按比例
A—A
1:4
d_1
a
d_2
b
c
6 7
8 9
1
2
3
4
5
Ⅰ
φ159×4.5
φ159×4.5
φ89×4
φ89×4
φ1000
φ32×3.5
150
150
150
150
150
6
6
6
1100
600
≈2539
145
25
50
275
1000

A—A

φ990

I
不按比例

接管焊接结构Ⅰ
不按比例

接管焊接结构Ⅱ
不按比例

设备总重：470kg

件号	图号或标准号	名称	数量	材料	单件重量/kg	总重	备注
10		垫板 40×4	1	Q235B		2.38	
9		接管 φ32×3.5	1	20		0.4	
8	HG/T 20592～20635—2009	法兰 PL25(B)−10RF	1	Q235B		1.12	
7		接管 φ89×4	2	20	1.51	3.02	
6	HG/T 20592～20635—2009	法兰 PL80(B)−10RF	2	Q235B	3.59	7.18	
5	HG/T 21530—2014	手孔 RFIb(NM-XB350)A 150-10	2	组合件	24.5	49	
4		铭牌座	1	Q235B		1.15	
3		筒体 DN1000×6	1	Q235B		180	L=1100
2	GB/T 25198—2010	封头 EHA1000×6(5.2)	2	Q235B	53.8	108	含13%压制减薄量
1	JB/T 4712.2—2007	腿式支座 A4-1000-6	4	组合件	28.4	114	

设计		空气储罐 (BV05) 装配图	设计项目	
制图			设计阶段	施工图
校核			C02-00	
审核				
批准				
年		比例 1:10	第1张	共1张

附图1 入门项目−空气储罐

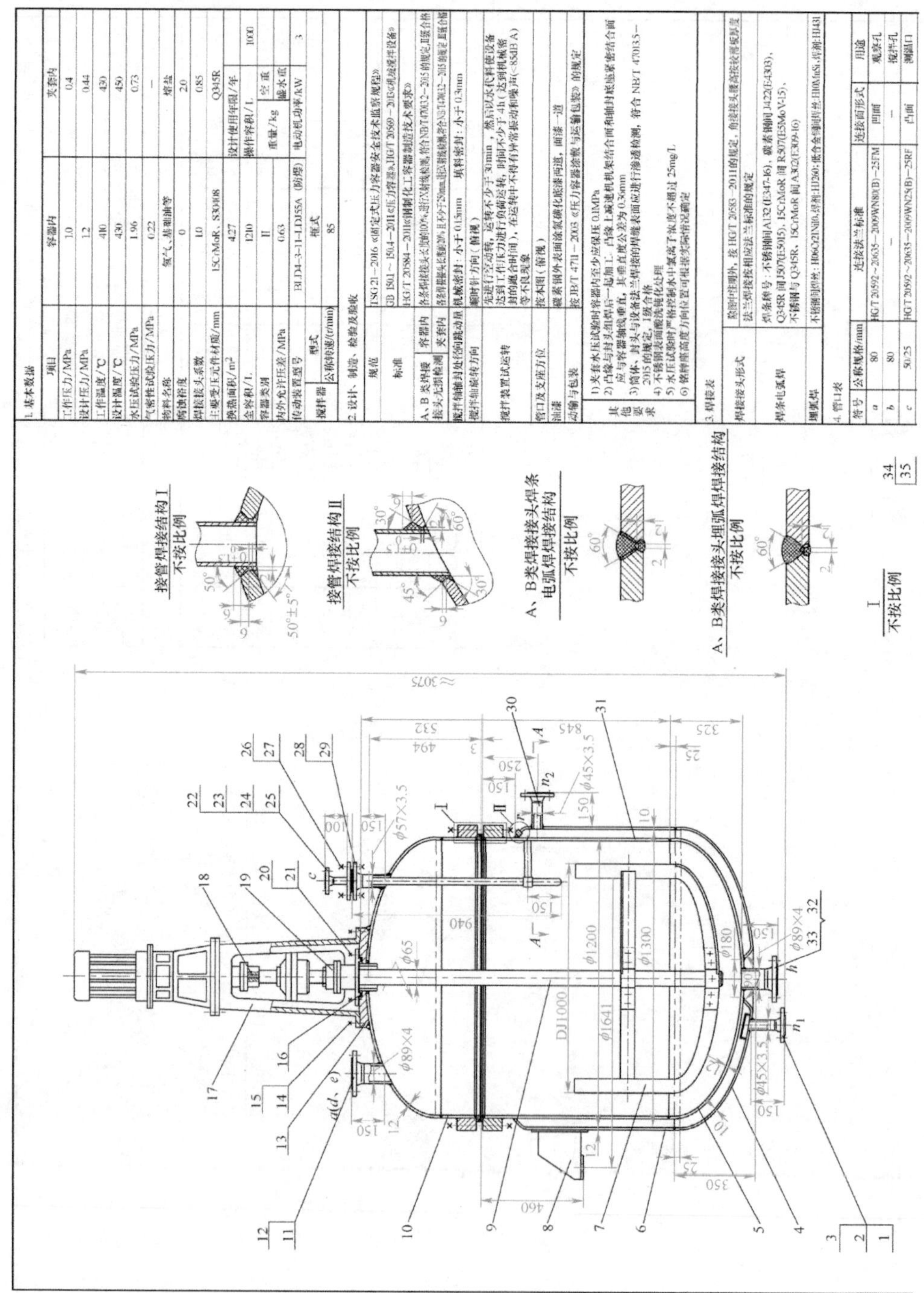

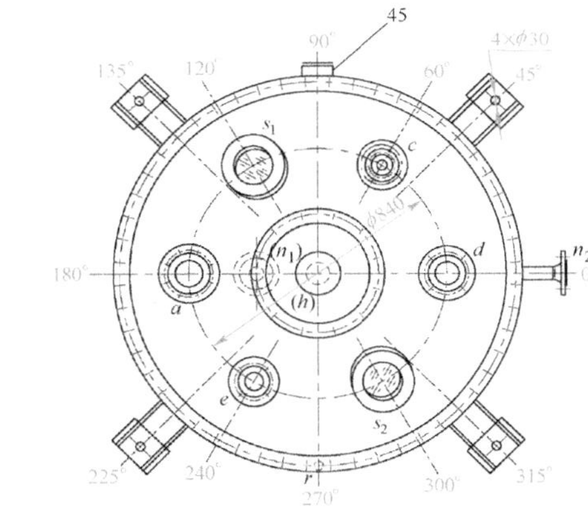

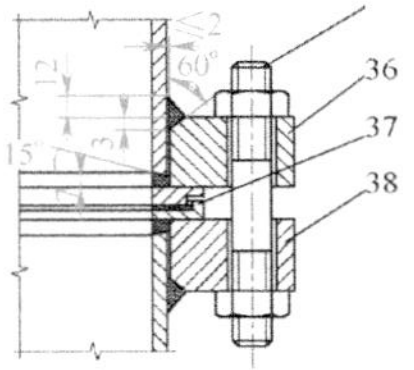

d	65	HG/T 20592～20635—2009WN65(B)—25FM	凹面	备用孔
e	50	HG/T 20592～20635—2009WN50(B)—25FM	凹面	备用孔
h	80	HG/T 20592～20635—2009WN80(B)—25M	凸面	出料孔
$n_{1\text{-}2}$	40	HG/T 20592～20635—2009WN40(B)—25RF	凸面	熔盐进出口
$s_{1\text{-}2}$	50	—	—	视镜孔
r	20×1.5	M20×1.5	内螺纹	放气口

II
不按比例

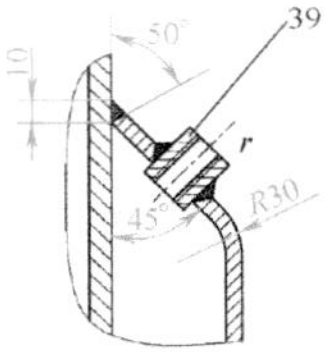

A—A
不按比例

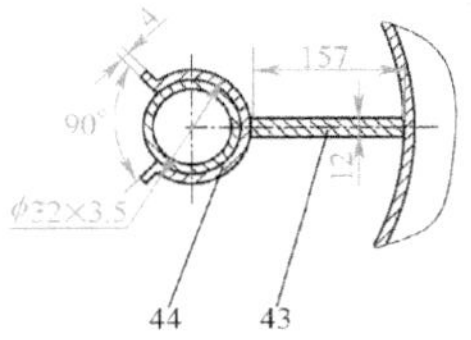

视镜 s_{1-2} 结构
不按比例

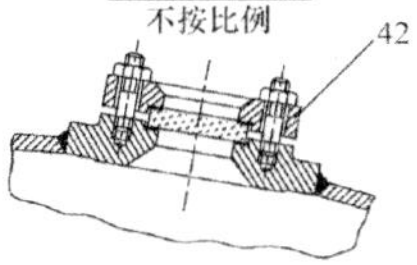

管口 d
不按比例

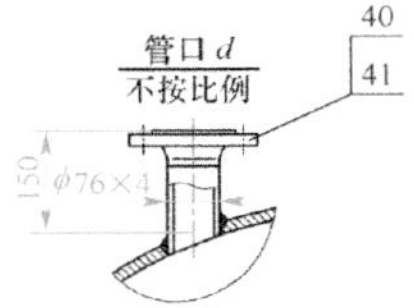

设备总重：2090 kg

件号	图号或标准号	名称	数量	材料	单件重量/kg	总计重量/kg	备注
45		铭牌座	1	Q345R		1.15	
44		卡箍 δ=4	1	S30408		0.35	
43		卡箍支承 157×40×12	1	S30408		0.59	
42	NB/T 47017—2011	视镜 PN2.5DN50II-SF1	2	组合件	5.6	11.2	
41		接管φ76×4	1	S30408		0.95	
40	HG/T 20592～20635—2009	法兰 WN65(B)-25FM	1	S30408II		4.0	s=4
39		接头 M20×1.5	1	20		0.5	
38	R01-03	设备法兰	1	15CrMoR		134.4	
37		垫片 B22φ1205/φ1237	1	组合件			参照NB/T 4702[illegible]制造，外购
36	R01-03	设备法兰	1	15CrMoR		136.8	
35	NB/T 47027—2012	螺母 M20	104	30CrMoA			
34	NB/T 47027—2012	螺柱 M20×260-B	52	35CrMoA	0.54	28.1	
33		接管 φ89×4	1	S30408		0.89	
32	HG/T 20592～20635—2009	法兰 WN80(B)-25M	1	S30408II		5.0	s=4
31		内筒体 DN1200×12	1	S30408		304	L=833
30		接管φ45×3.5	1	20		0.41	
29		接管φ57×3.5	1	S30408		0.61	
28	HG/T 20592～20635—2009	法兰 WN50(B)-25FM	2	S30408II	3.0	6.0	s=3.5
27	HG/T 20613～20635—2009	螺母 M16	8	30CrMo			100HV
26	HG/T 20613～20635—2009	螺柱 M16×70	4	35CrMoA	0.11	0.44	
25	HG/T 20610～20635—2009	缠绕垫B 50-25 0222	1	组合件			
24	HG/T 20592～20635—2009	法兰盖 BL50-25M	1	S30408		3.0	中心开孔φ33
23		温度计套管φ32×3.5	1	S30408		2.56	
22	HG/T 20592～20635—2009	法兰 WN25(B)-25RF	1	S30408II		1.0	s=3.5
21	GB/T 95—2002	垫圈 20	8				100HV
20	GB/T 5782—2016	螺栓 M20×50	8	8.8级			
19		机械密封 206-65	1	组合件		37.2	
18	GB/T 1096—2003	键 c16×81	1	45		0.1	
17		传动装置 BLD4-3-II-LDJ55A	1	组合件		450	
16		垫片φ174/φ161 δ=3	1	柔性石墨缠绕垫			
15	GB/T 95—2002	垫圈 12	12				100HV
14	GB/T 5780—2016	螺栓 M12×55	12	8.8级			
13	R01-04	凸缘	1	组合件		54.7	
12		接管φ89×4	1	S30408		1.11	
11	HG/T 20592～20635—2009	法兰 WN80(B)-25FM	1	S30408II		5.0	s=4
10		短节 DN1200×12	1	S30408		54.8	L=150
9	R01-02	搅拌轴φ65	1	S30408		60.5	
8	JB/T 4712.3—2007	耳座 B3-II	4	Q345R	8.3	33.2	
7	R01-01	搅拌器 1000-65	1	组合件		25.9	
6		夹套筒体 DN1300×10	1	Q345R		248	L=767
5	GB/T 25198—2010	封头 EHA1200×12(10.6)	2	S30408	155	310	含12%压制减薄量
4	GB/T 25198—2010	封头 EHA1300×10(8.7)	1	Q345R		150	含13%压制减薄量
3		挡板 100×400×25	1	Q345R		0.43	
2		接管φ45×3.5	1	20		0.43	
1	HG/T 20592～20635—2009	法兰 WN40(B)—25RF	2	16MnII	2.0	4.0	s=3.5

		反应釜 1000L 装配图	设计项目	
设计			设计阶段	施工图
制图			R01-00	
校核				
审核				
标准				
年		比例 1:10	第1张	共1张

附图2 主导项目-反应釜

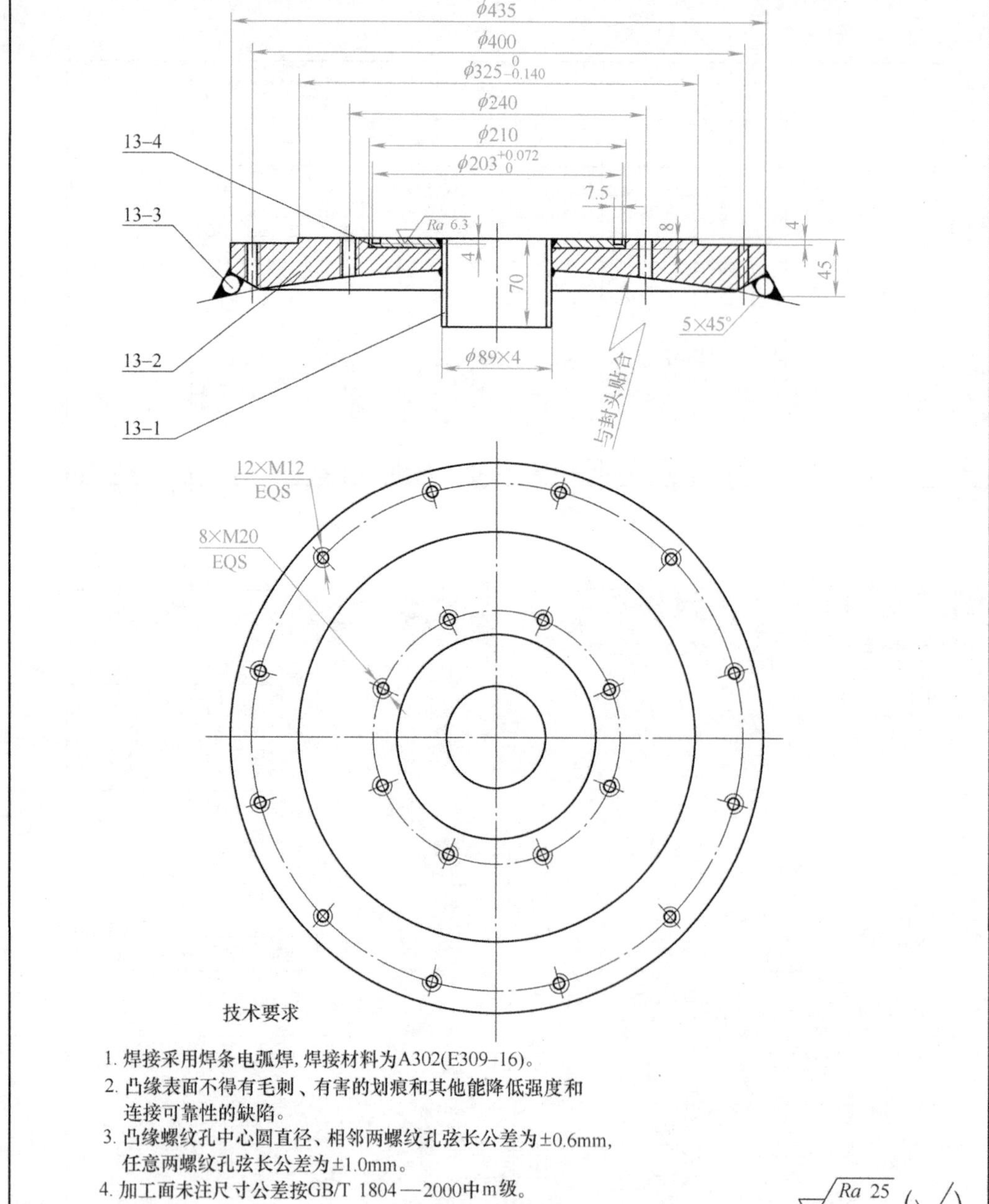

技术要求

1. 焊接采用焊条电弧焊，焊接材料为A302(E309-16)。
2. 凸缘表面不得有毛刺、有害的划痕和其他能降低强度和连接可靠性的缺陷。
3. 凸缘螺纹孔中心圆直径、相邻两螺纹孔弦长公差为±0.6mm，任意两螺纹孔弦长公差为±1.0mm。
4. 加工面未注尺寸公差按GB/T 1804—2000中m级。
5. 凸缘与封头组焊后一起加工。

件号	图号或标准号	名称	数量	材料	单件重量/kg	总计重量/kg	备注
13-4		衬环 δ=8	1	S30408		1.6	
13-3		圆钢 φ16	1	S30408		2.19	
13-2		凸缘	1	Q235B		50.3	
13-1		衬管 φ89×44	1	S30408		0.59	L=70

件号	名称	材料	重量/kg	比例	所在图号	装配图号
13	凸缘	组合件	54.7	1:3	R01-04	R01-00

附图3　主导项目-反应釜零部件（凸缘）

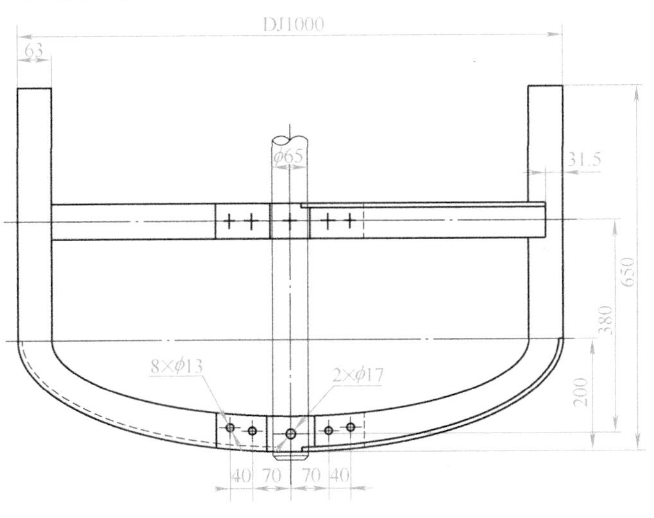

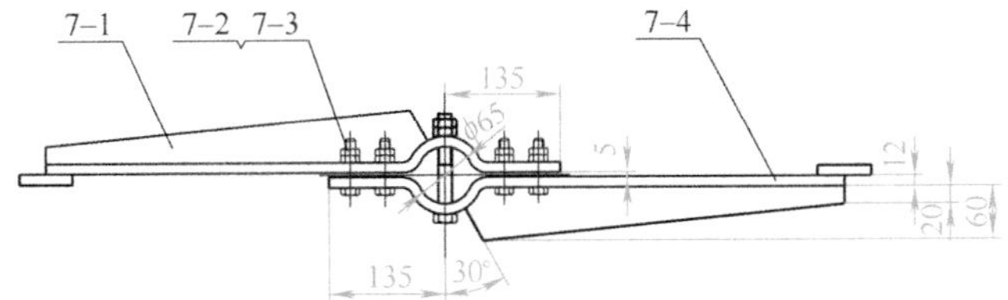

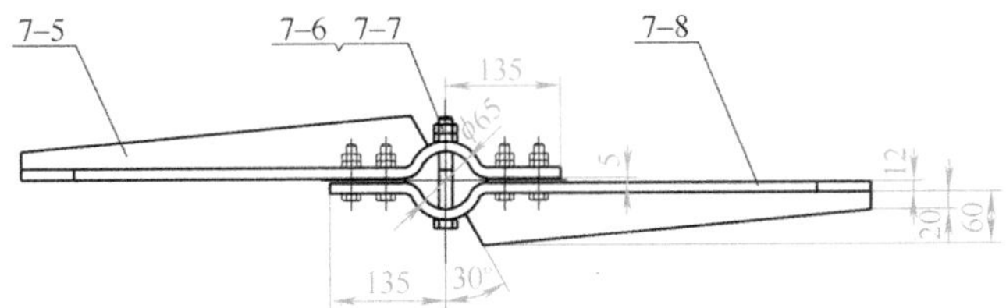

技术要求

1. 搅拌器的制造和检验按 HG/T 3796.12—2005 的规定进行。
2. 搅拌器桨叶对称度公差为3mm。搅拌器的轴线应与桨叶垂直，其垂直度公差为3mm。
3. 搅拌器与轴连接的螺栓孔与搅拌轴配钻。
4. 加工面未注尺寸公差按 GB/T 1804—2000中m 级，非加工面未注尺寸公差按 GB/T 1804—2000中c级。
5. 制造完毕后与搅拌轴一起进行静平衡试验。

7-8		桨叶Ⅱ δ=12	2	S30408	6.76	13.5	
7-7	GB/T 6171-2016	螺母 M16	4	A2-70	0.02	0.08	
7-6	GB/T 5782-2016	螺栓 M16×90	2	A2-70	0.16	0.32	
7-5		筋板Ⅱ δ=12	2	S30408	1.81	3.62	
7-4		桨叶Ⅰ δ=12	2	S30408	2.53	5.06	
7-3	GB/T 6171-2016	螺母 M12	16	A2-70			
7-2	GB/T 5782-2016	螺栓 M12×50	8	A2-70			
7-1		筋板Ⅰ δ=12	2	S30408	1.69	3.38	
件号	图号或标准号	名 称	数量	材料	单件 重量/kg	总计 重量/kg	备注

7	搅拌器	组合件	25.9	1:5	R01-01	R01-00
件号	名 称	材 料	重量/kg	比例	所在图号	装配图号

附图4 主导项目-反应釜零部件（搅拌器）

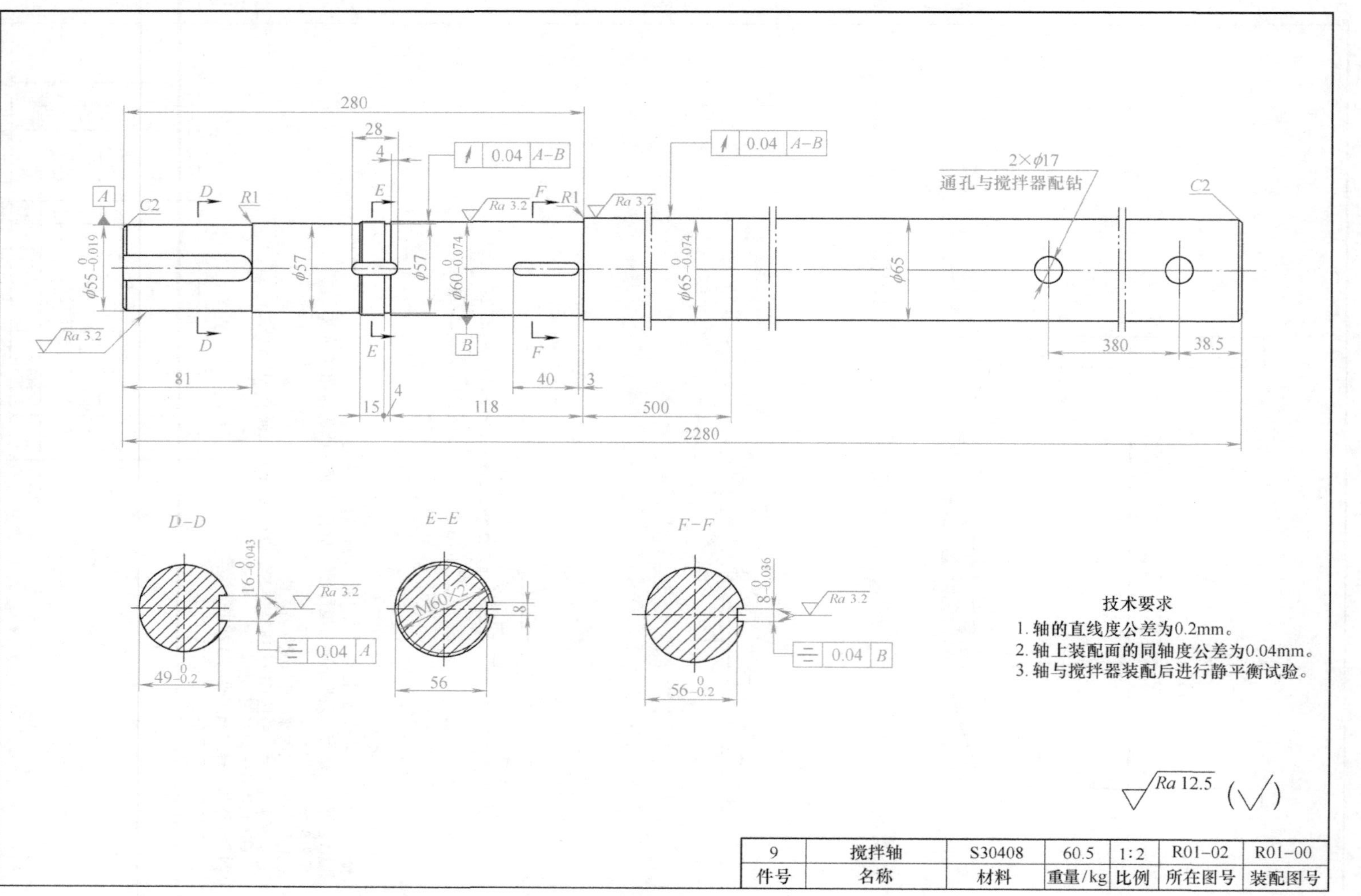

附图5 反应釜零部件（搅拌轴）

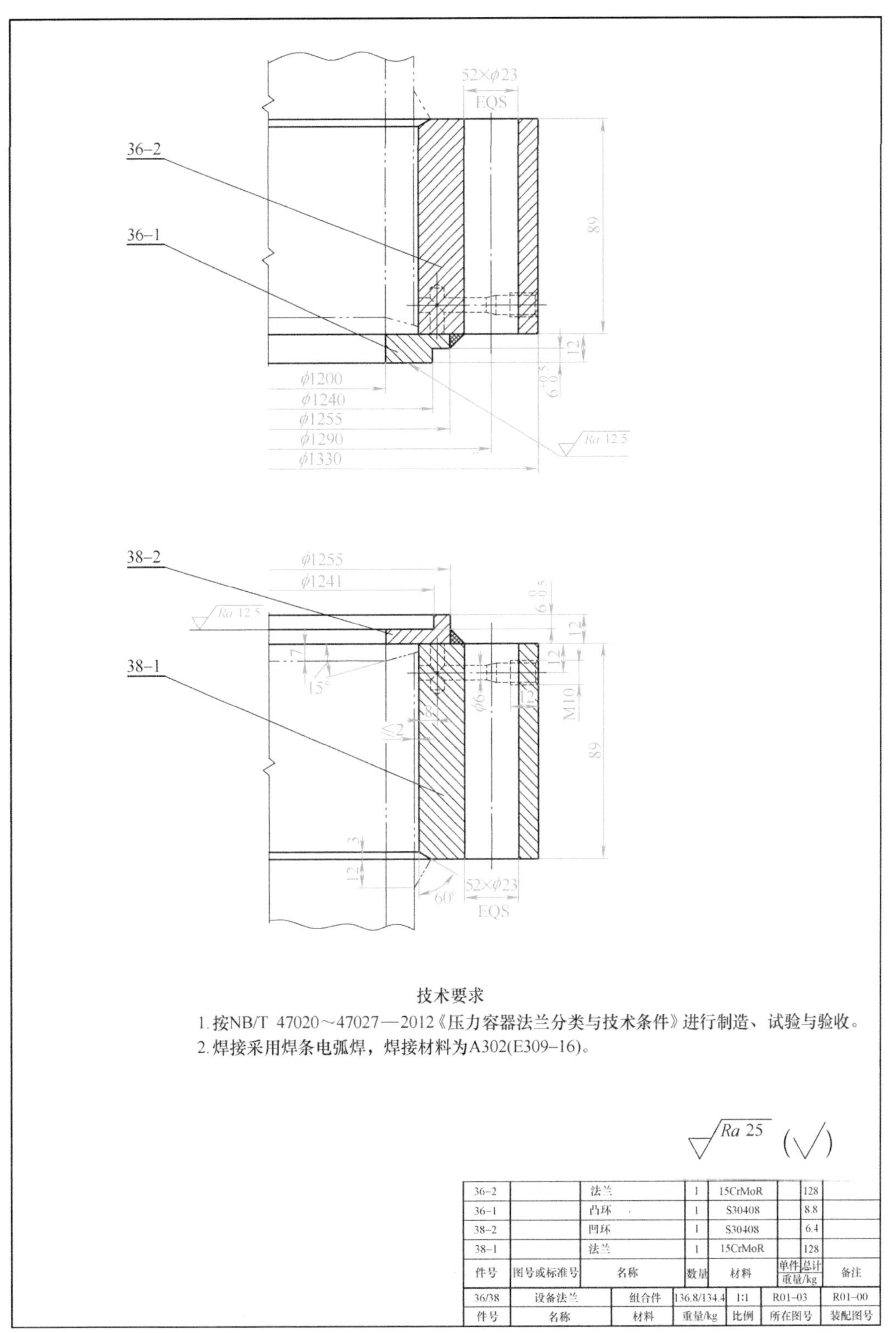

技术要求

1. 按NB/T 47020～47027—2012《压力容器法兰分类与技术条件》进行制造、试验与验收。
2. 焊接采用焊条电弧焊，焊接材料为A302(E309–16)。

Ra 25 (√)

件号	图号或标准号	名称	数量	材料	单件重量/kg	总计重量/kg	备注
36–2		法兰	1	15CrMoR		128	
36–1		凸环	1	S30408		8.8	
38–2		凹环	1	S30408		6.4	
38–1		法兰	1	15CrMoR		128	

件号	名称	材料	重量/kg	比例	所在图号	装配图号
36/38	设备法兰	组合件	136.8/134.4	1:1	R01–03	R01–00

附图6　反应釜零部件（设备法兰）

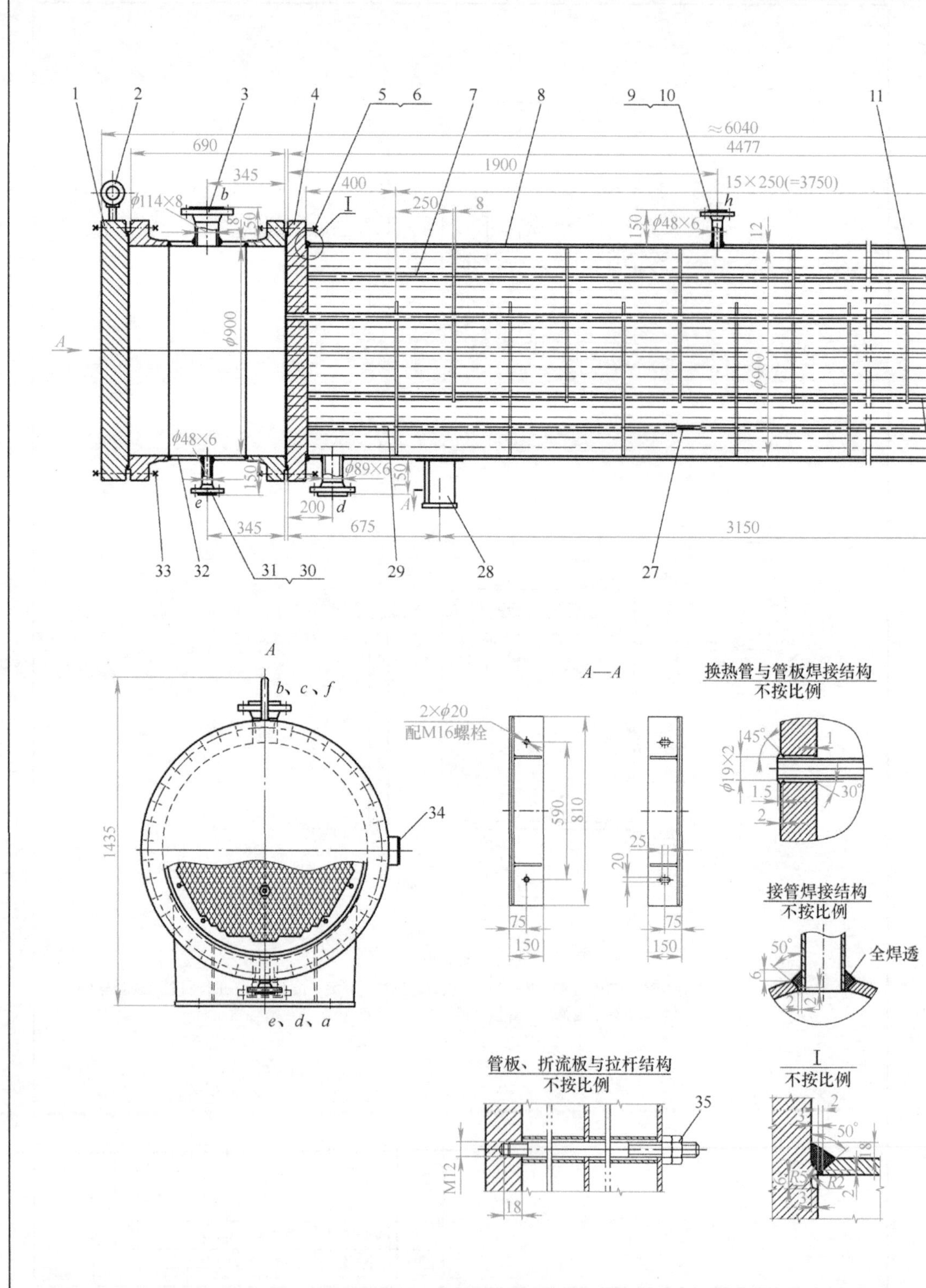

换热管与管板焊接结构
不按比例
接管焊接结构
不按比例
全焊透
管板、折流板与拉杆结构
不按比例
I
不按比例
A—A
2×φ20
配M16螺栓

附图7

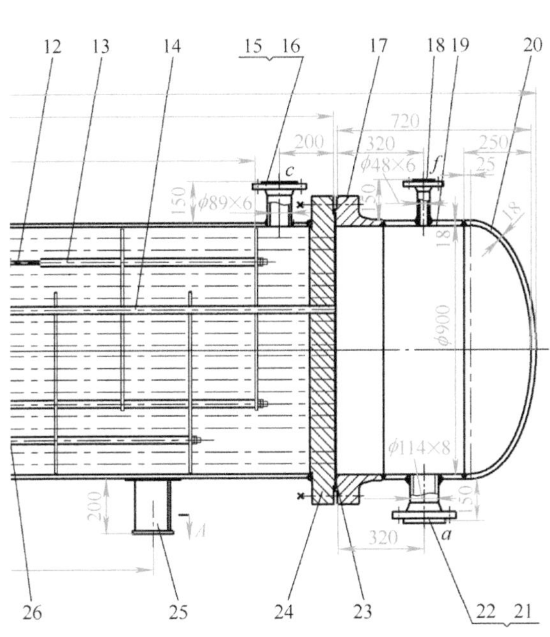

A、B类焊接接头
焊条电弧焊焊接结构
不按比例

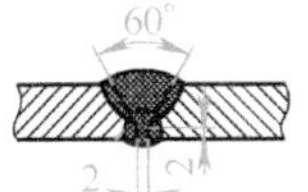

A、B类焊接接头
埋弧焊焊接结构
不按比例

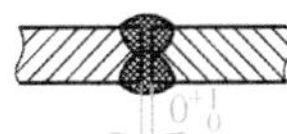

1.基本数据

项目	壳程	管程	
工作压力/MPa	0.5	0.8	
设计压力/MPa	1.0	1.8	
工作温度(进口/出口)/℃	-20/10	180/60	
设计温度/℃	-25	230	
水压试验压力/MPa	2.55	2.55	
气密性试验压力/MPa	—	2.55	
物料名称	冷冻水	F113(易爆)	
腐蚀裕度/mm	2.0	1.0	
焊接接头系数	0.85	1.0	
主要受压元件材质	16MnDR	S30403	
换热面积/m²	253.8	管程数	—
管束分级	I	重量/kg 空 重	—
容器类别	II	重量/kg 盛水重	—

2.设计、制造、检验及验收

规范		TSG 21-2016《固定式压力容器安全技术监察规程》
焊接规范		NB/T 47015-2011《压力容器焊接规程》
标准		GB/T 151-2014《热交换器》、HG/T 20584-2011《钢制化工容器制造技术要求》
A、B类焊接接头无损检测	壳程	各条焊接接头长度的20%且不小于250mm，进行X射线检测，符合NB/T 47013.2—2015的规定，Ⅲ级合格
A、B类焊接接头无损检测	管程	各条焊接接头长度的100%，进行X射线检测，符合NB/T 47013.2—2015的规定，Ⅱ级合格
管子与管板的连接		焊接
管口及支座方位		按本图
油漆		碳素钢外表面涂氯磺化防锈底漆两道，面漆一道
运输与包装		按JB/T 4711—2003《压力容器涂敷与运输包装》的规定

其他要求
1) 制造完毕后不锈钢部分应进行酸洗钝化处理
2) 水压试验严格控制水中氯离子浓度不超过25mg/L
3) 管板密封面与筒体轴线的垂直度公差为1.0mm
4) 所有与筒体的焊接接头均应全焊透
5) 铭牌座放在壳程筒体中部

3.焊接表

焊接接头形式	除图中注明外，按HG/T 20583—2011的规定，角接接头腰高按较薄板厚度;法兰焊接按相应法兰标准的规定
焊条电弧焊	焊条牌号: 不锈钢间A002(E308L-16);16MnDR间J507RH(E5016-G) 16MnDR与不锈钢间A302(E309-16)
埋弧焊	不锈钢间，焊丝：H03Cr21Ni10，焊剂：HJ260 16MnDR间，焊丝：H09MnDR，焊剂：SJ208DR

4.管口表

符号	公称规格/mm	连接法兰标准	连接面形式	用途
a	100	WN100-300 M	M	物料出口
b	100	WN100-300 FM	FM	物料进口
c	80	WN80-300 RF	RF	冷冻水进口
d	80	WN80-300 RF	RF	冷冻水出口
e	40	WN40-300 M	M	排放口
f	40	WN40-300 FM	FM	放空口
h	40	WN40-300 RF	RF	放空口

设备总重：9620kg

件号	图号或标准号	名称	数量	材料	单件重量/kg	总计重量/kg	备注
35	GB/T 41—2016	螺母M12	20	5级			
34		铭牌座T	1	16MnDR		1.15	
33	NB/T 47027—2012	螺柱M30×280-A	40	35CrMoA	1.33	53.1	
32		短节DER DN900×18	1	S30403		145	L=350
31		接管ϕ48×6	2	S30403	0.79	1.38	
30	HG/T 20592～20635—2009	法兰WN400-300M	1	S30403II		3.18	s=6
29		定距管ϕ19×2	8	16Mn	0.34	2.72	L≈400
28	JB/T 4712.1—2007	鞍座BI900-F	1	Q345R/16MnDR		40	
27	E01—02	短拉杆	2	Q235A	3.5	7.0	
26		定距管ϕ19×2	90	16Mn	0.2	18	L≈242
25		鞍座BI900-S	1	Q345R/16MnDR		40	
24	E01—01	右管板	1	S30403II		820	
23	NB/T 47025—2012	垫片B22-900-4.0	3	组合件			
22		接管ϕ114×8	2	S30403	1.81	3.62	
21	HG/T 20592～20635—2009	法兰WN100-300M	1	S30403II		12.1	s=8
20	GB/T 25198—2010	封头DN900×18(15.8)	1	S30403		136	含12%压制减薄量
19		短节DN900×18	1	S30403		123	L=300
18	HG/T 20592～20635—2009	法兰WN40-300FM	1	S30403II		3.18	s=6
17	NB/T 47023—2012	法兰FM900-4.0	3	S30403II	252	756	
16		接管ϕ89×6	2	16Mn	1.3	2.6	
15	HG/T 20592～20635—2009	法兰WN80-300RF	2	16MnII	8.17	16.3	s=6
14		换热管ϕ19×2	988	S30403	3.8	3752	L=4500
13		定距管ϕ19×2	28	16Mn	0.42	11.8	L≈492
12	E01-02	长拉杆	8	Q235A	3.8	30.4	
11	E01-01	折流板	16	Q235A	40.2	643	
10		接管ϕ48×6	1	16Mn		0.79	
9	GB/T 20592～20635—2009	法兰WN40-300RF	1	16MnDII		3.18	s=6
8		筒体DN900×12	1	16MnDR		1164	L=4313
7		定距管ϕ19×2	2	16Mn	0.55	1.1	L≈650
6	GB/T 6170—2015	螺母M30	240	30CrMo			
5	NB/T 47027—2012	螺柱M30×260-A	80	35CrMoA	1.23	98.4	
4	E01-01	左管板	1	S30403II		820	
3	HG/T 20592～20635—2009	法兰WN100-300FM	1	S30403II		12.1	s=8
2	GB/T 825—1988	吊环螺钉M30	1	20		2.49	
1	E01-03	平盖	1	S30403II		849	

设计		热交换器装配图		设计项目	
制图				设计阶段	
校核				E01-00	
审核					
批准					
年		比例	1:10	第1张	共3张

参考文献

[1] 李荣雪. 金属材料焊接工艺[M]. 2版. 北京: 机械工业出版社, 2015.

[2] 中国机械工程学会焊接学会. 焊接手册:第2卷 材料的焊接[M]. 3版. 北京: 机械工业出版社, 2014.

[3] 张文钺，等. 焊接冶金学: 基本原理[M].北京: 机械工业出版社, 1995.

[4] 李亚江. 焊接冶金学: 材料焊接性[M]. 北京: 机械工业出版社, 2007.

[5] 张连生. 金属材料焊接[M]. 北京: 机械工业出版社, 2004.

[6] 陈祝年. 焊接工程师手册[M]. 2版. 北京: 机械工业出版社, 2010.

[7] 满达虎, 王丽芳. 奥氏体不锈钢焊接热裂纹的成因及防止对策[J]. 热加工工艺, 2012, 41（11）: 181−184.

[8] 中国标准出版社. 中国国家标准汇编[S]. 北京: 中国标准出版社, 2010.

[9] 王宗杰. 焊接工程综合试验教程[M]. 北京: 机械工业出版社, 2012.